Inhalt

Literatur/Links

Stutely, R.: Financial Times Managementpraxis – Der professionelle Businessplan. Ein Praxisleitfaden für Manager und Unternehmensgründer, Financial Times Prentice Hall, 2003

Aus dem großen Angebot zur Existenz-/Unternehmensgründung greifen wir zur Orientierung zwei beide Bände heraus:

Maikranz, F. C.: Das Existenzgründungs-Kompendium. Die wichtigsten Regeln auf dem Weg in die Selbstständigkeit, Berlin, Heidelberg 2003

Wehling, D. (Hrsg.): Handbuch für Existenzgründer. Entrepreneurship als Grundhaltung, Strategische Umsetzung, Aktionsfelder der Gründungspraxis, Berlin 2002

Links

Umfassendes für Businessplaner bietet natürlich das Internet. Aus der riesigen Vielfalt informativer Websites hier nur eine Anzahl grundlegender bzw. „handverlesener" Linktipps:

Gründung allgemein
 www.bmwi.de (Wirtschaftsministerium)

Gründungsfeld Technik
 www.vdivde-it.de (VDI-Leitfaden für Gründer)

Gründung Mittelstand

Hier findet man länderweise Informationen bei den Gewerbeförderungsanstalten.

Finanzierung und öffentliche Programme:
 www.kfw.de (kfw-Bankengruppe)

Business-Angels/Venture Capital
 www.business-angels.de (Netzwerk)
 www.bvk-ev.de (Bundesverband Venture Capital)

1 Chef/-in werden

Mit Mut und Konzept in die Selbstständigkeit

Es beginnt meist harmlos. Mit einem flüchtigen Gedanken beim Autofahren, im Supermarkt, auf der Rückfahrt von der Arbeit. Dann kommt er wieder, immer wieder. Irgendwann werden erste Gespräche geführt, mit der Familie, mit Freunden. Die Idee nimmt Formen an: „Ich mache mich selbstständig." Es dauert, bis aus der Idee tatsächlich eine Unternehmung, ein Unternehmen wird. Das ist auch gut so. Jede Existenzgründung ist eine strategische Entscheidung. Strategische Entscheidungen sind die Grundlagen, um eigene Ideen umzusetzen, um Wünsche Wirklichkeit werden zu lassen, und sie zeichnen sich durch Langfristigkeit ihrer Wirkungen aus. Bei Existenzgründungen sind die Wirkungen substanziell. Einmal selbstständig, gibt es kaum ein Zurück mehr. Die Sozialkassen fangen (Ex-)Unternehmer selten auf und in Deutschland sind Begriffe wie Liquidation und Insolvenz oft mit gesellschaftlicher Ächtung verbunden. Das allein reicht, um genau zu prüfen, ob die Welt auf die eigenen Ideen gewartet hat und ob diese Gewinn bringend in ein Unternehmen umgesetzt werden können. Denn das sind zwei paar Schuhe. Ein tolles Produkt macht noch keinen Markt und wenn Sie mit Ihrer Idee in die erste Reihe wollen, sollten Sie eine Reihe von Testrunden drehen, um Ihre Fähigkeiten als Unternehmer zu beweisen. Auf der ersten Strecke sollten Sie Ihre Fantasien über das Unternehmersein unter die Lupe nehmen. Die oft unrealistischen Vorstellungen über das Leben als Unternehmer sollten reflektiert und auf die eigene Person übertragen werden. Bin ich Unternehmer? Trivial ist diese Frage nicht, im Gegenteil. Ein genialer Ingenieur oder Handwerker muss nicht zwangsläufig ein guter Unternehmer sein. Jeder, der aus seiner Idee ein erfolgreiches Geschäft macht, ist immer beides: Ingenieur und Unternehmer, Handwerker und Unternehmer usw. Die erste, grundlegende unternehmerische Entscheidung ist die, ob Sie

den Schritt in die Selbstständigkeit wagen. Das ist nicht gleichzusetzen mit Unabhängigkeit, die auch bei Unternehmern meist arg begrenzt ist.
Dieser Schritt sollte mindestens so intensiv und detailliert geplant sein wie die Maschine, die Sie entwickeln, wie das Dachgeschoss, das Sie ausbauen, die konkrete Dienstleistung, die Sie anbieten. Es geht möglicherweise um Ihre gesamte wirtschaftliche Existenz. So genau und akkurat, wie Sie Ihr ureigenstes „Handwerk" betreiben, sollten Sie auch den Auf- und Ausbau Ihrer Unternehmensführung angehen. Wie bei allen komplexen Situationen geht das am besten mit einem Plan. Die Existenzgründung genau zu planen, macht sehr viel Sinn.

> Die Transformation der Idee in den Businessplan ist Ihr Gerüst, mit dem Sie in das Unternehmerleben einsteigen und an dem Sie sich die nächsten zwei, drei Jahre der Gründungsphase entlanghangeln können.

Andererseits dient dieser Plan auch den Kapitalgebern und er zeigt auch noch in zwei Jahren durch den Vergleich mit den Istdaten auf, ob Sie sich „auf dem richtigen Weg" befinden.
Der Businessplan ist das Instrument, das Ihnen die wesentlichen Stationen zum Unternehmenserfolg darstellt. Er umfasst einen (beschreibenden) Textteil und einen (darstellenden) Zahlenteil. Die Auseinandersetzung beginnt allerdings vor den dokumentierten Seiten – und beinhaltet Fragen wie:

- Was kommt auf mich als Unternehmer/Selbstständiger zu?
- Wie sehen die Schritte zur erfolgreichen Umsetzung meiner Idee aus?
- Wie kann ich andere, z.B. Kapitalgeber, für meine Idee begeistern?
- Wie lässt sich mein Vorhaben in Zahlen darstellen?
- Werde ich mich/meine Familie damit ernähren können?
- Bin ich mutig und risikobereit, ohne die Grenzen zu überschreiten?
- Kann ich mit Niederlagen umgehen?
- Bin ich wettbewerbsorientiert?

1.1 Chef/-in werden – die persönliche Entscheidung

Wenn Sie die Mehrheit der Fragen mit einem klaren „JA“ beantwortet haben und von der Fragestellung nicht abgeschreckt wurden, analysieren Sie kritisch Ihre unternehmerischen Voraussetzungen, die Sie brauchen, um sich am Markt erfolgreich zu behaupten. Diese werden in Kategorien erfasst, die so auch in Ihre Selbstdarstellung einfließen können:

- Persönliche Disposition
- Fachliche Kompetenz
- Sachliche Kompetenz
- Soziale Kompetenz für Markt und Mitarbeiter
- Finanzielle Polster
- Eine gute Idee

Persönliche Disposition

Unternehmer zu sein ist heute eine der letzten großen Herausforderungen für Menschen, die bewegen und gestalten wollen. Für Menschen, die psychisch und physisch belastbar sind, nicht nach größtmöglicher Sicherheit streben, den Kopf nicht gleich in den Sand stecken, sondern auf der Suche nach dem entscheidenden Vorteil sind. Für Menschen, die Risiko nicht scheuen und für ihre Handlungen die Verantwortung übernehmen wollen und können. Unternehmer, die sowohl Manager als auch Inhaber sind, arbeiten ohne Netz und doppelten Boden. Deshalb kommen sie häufig auch nicht mit einer 50-Stunden-Woche aus. Aber damit haben sie kein Problem. Es sind wesentliche persönliche Eigenschaften, die einen erfolgreichen Unternehmer ausmachen.

Fachliche Kompetenz

Kapitalgeber legen großen Wert auf fachliche Qualifikationen. Je mehr Ihre fachlichen Qualitäten mit dem Gründungsvorhaben im Einklang stehen, umso positiver wird Ihr Vorhaben eingeschätzt. Umso leichter ist es auch für Sie zu überzeugen.

Schul- und Berufsausbildung, Berufserfahrung, Zusatz-Qualifikationen, Branchenerfahrung, eventuelle Erfolge, all das ist wichtig und transparent zu machen. Je nach Metier sind unterschiedliche Qualifizierungsnachweise notwendig, egal ob in freien Berufen (Arzt, Rechtsanwalt, Steuerberater) oder beispielsweise im Handwerk. Für die fachliche Qualifikation werden Studium und/oder Meisterbrief vorausgesetzt. Und zwar weitgehend unabhängig davon, dass die Politik offiziell die Voraussetzungen für selbstständige Handwerker gelockert hat. Die Verbraucher orientieren sich am „Handwerksmeister".

Sachliche Kompetenz

Die Hauptdarsteller unternehmerischer Erfolgsgeschichten haben nie nur ihr Fach, ihr ureigenstes Handwerk beherrscht. Sie hatten immer Ahnung von der „Sache der Unternehmensführung". Wir behaupten, dass hier die Weichen für die Umsetzung der Idee in ein ertragreiches Geschäft gestellt werden. Kapitalgeber sehen das ähnlich. Der Businessplan ist der Ort, an dem sich in Ihrer Analyse die Frage der unternehmerischen Kompetenz auflöst. Dazu gehören eine begründete Positionierung in Fragen des Marktauftritts, der Entscheidung für die Unternehmensform, für die Organisation des Betriebes heute und in drei Jahren, die Beteiligung von Partnern an der Unternehmung, die Qualifikation im kaufmännischen Bereich und für die Personalführung.

Soziale Kompetenz

Sozial kompetent ist, wer verständnis- und verständigungsorientiert kommunizieren kann. Sie signalisieren Ihren Mitarbeitern Verständnis und gehen auch in frustrierenden Zeiten mit gutem Vorbild voran. Sie können den Kunden den Nutzen Ihrer Leistungen verständlich machen und sind deshalb meist gute Verkäufer in eigener Sache.
Fast nicht erwähnenswert ist, dass diese Fähigkeit auch in den Kontakten/Verhandlungen mit Zulieferern, Bankern, Verwaltungsmitarbeitern etc. notwendig ist. Wer Einfühlungsvermö-

gen mitbringt, hat vielleicht Vorteile, aber Sozialkompetenz umfasst darüber hinaus Techniken der Gesprächsführung, die man systematisch erlernen kann/sollte.

Finanzielle Voraussetzungen

Ein Knackpunkt bei der Entscheidung zur Selbstständigkeit ist die Frage, ob Sie ein finanzielles Polster haben, mit dem Sie, als Unternehmer/-in, über die Runden kommen. Eigenes Kapital und damit finanzielle Unabhängigkeit bringt Gründern den meisten Freiraum. Sie können dann Ihre Investitionen, Ihre Lebenshaltungskosten und das „Lehrgeld" aus der eigenen Tasche zahlen. Niemand fordert Rechenschaft von Ihnen.
Eine wesentliche Motivation für einen Businessplan – Kapitalgeber zu überzeugen – entfällt in diesem Fall. Die Notwendigkeit, den Businessplan zu erstellen, bleibt trotzdem bestehen. Das eigene Kapital sollte nicht vernichtet, sondern vermehrt werden; und um die Unabhängigkeit von Kreditgebern zu bewahren, sollte jeder Gründer sein Business professionell angehen. Basis ist der Businessplan. Ein Instrument für Profis!
Haben Sie dieses Polster nicht, stellt sich die Frage, ob Ihnen jemand Fremd- oder Risikokapital zur Verfügung stellt, und das entscheidet letztlich, ob Sie (als Unternehmerpersönlichkeit) und Ihr Businessplan Erfolg versprechend wirken und damit kreditwürdig erscheinen. Das gilt im Übrigen auch für Fördergelder, die bei der Gründung und in den ersten Jahren der Unternehmung vom Staat ausgeschüttet werden.

Eine gute Idee

Die Mehrzahl aller guten Unternehmen begann mit einer guten Idee. Die haben Sie auch. Und die schickt Sie auf die nächste Teststrecke. Denn nun stellt sich die Frage: „Hat die Welt tatsächlich auf mich und meine Leistungen gewartet? Sind auch die Kunden überzeugt, dass sie meine Produkte/ meine Dienstleistung brauchen?" Die Verliebtheit in das eigene Produkt bringt oft eine gewisse Blindheit für die Bedingungen des

Marktes. Manchmal wird übersehen, dass ein möglicher Wettbewerber eine ähnliche, vielleicht die gleiche Idee hatte, aber eine bessere Startposition besetzt, weil er am Markt etabliert ist. Die Marktakzeptanz ist kritisch zu analysieren.
Wenn die Idee tatsächlich marktfähig ist (Teststrecke zwei), ist der nächste Schritt die Transformation Ihrer Idee in kommerziellen Erfolg. Die Grundvoraussetzung dabei ist, dass Sie folgende betriebliche Standardfunktionen skizzieren:

- Marketing
- künftige Mitarbeiter
- Organisation des Betriebes
- Logistik/Produktion
- rechtliche Rahmenbedingungen (Unternehmensform)

Das sind die wesentlichen Säulen der erfolgreichen Unternehmensführung und Sie brauchen das Know-how und die entsprechende Sensibilität für diese Themen, damit Sie Unternehmer sein können. Das ist keine leichte Aufgabe. Leider gibt es in Deutschland keine Ausbildung, die einen direkt zum Unternehmer befähigt.

1.2 Chef/-in werden – die strategische Entscheidung

Die Entscheidung für ein Unternehmen ist eine strategische Entscheidung und wirkt in jede Richtung langfristig: bei Erfolg und bei Misserfolg. Durch die langen Wirkungsfristen bleiben strategische Fehlentscheidungen, z.B. ein Unternehmen zum falschen Zeitpunkt zu gründen, bedauerlicherweise lange unentdeckt. Üblicherweise scheitern Start-ups im dritten bzw. vierten Jahr nach der Existenzgründung. Kleine Einbrüche werden mit saisonalen Schwankungen oder Anlaufschwierigkeiten begründet und nicht als Ertragsproblem erkannt. Erst wenn die Liquidität knapp wird, das Unternehmen seinen Zahlungsverpflichtungen nicht mehr nachkommen kann, schleicht sich der Verdacht ein, dass Grundsätzliches nicht stimmt.
Die Bausteine eines Businessplans sind die minimalen Fragen, die Sie sich angesichts der Bedeutung und lebenslangen Haf-

tung für diese Entscheidung stellen sollten. Denn die Gründung ist die erste und fundamentale Entscheidung, die Sie treffen. Und Sie legen damit zwangsläufig für längere Zeit die Marschroute fest. Von den insgesamt drei Strategien, die ein Unternehmen haben kann – Wachsen, Schrumpfen, Konsolidieren –, haben Sie als Gründer nur einen Weg: die Wachstumsstrategie. In Zeiten von nahezu nicht vorhandenem Wirtschaftswachstum und strukturellen Problemen in Deutschland ist diese Aufgabe ungleich schwieriger als in Boomzeiten.

Die offene und frühzeitige Auseinandersetzung mit den Schwierigkeiten hilft Ihnen zu entscheiden, ob sie hinter Ihrer Existenzgründung stehen. Die strategische Entscheidung umfasst in der theoretischen Darstellung drei Analyseebenen:

- die Umwelt,
- den Wettbewerb und
- die eigenen Potenziale.

Die Umwelt

Sie umfasst die (wirtschafts-)politischen Rahmenbedingungen, die als gegeben hinzunehmen sind. Die Konjunktur gehört dazu, die Steuern, die den Unternehmen auferlegt werden, die Gesetze bezüglich Personal, Ladenöffnungszeiten, Werbung, Mindestlöhne usw.

Der Wettbewerb

Eine gute Idee ist Gold wert. Verständlich, dass Gründer mit Argusaugen über Ihr „Baby" wachen und Geheimhaltung als notwendig erachtet wird. Aber: Je besser die Idee, umso flinker die Nachahmer. Die können Sie auch mit dem besten Patentschutz nicht abhalten. Natürlich gibt es nur ein „Original". Aber Verbraucher geben sich auch mit der Kopie zufrieden – wenn sie entsprechend weniger kostet. Also achten Sie darauf, dass Sie sich zügig positionieren und den „Rahm" abschöpfen, bevor es andere tun. Prüfen Sie, ob andere nicht schon eine ähnliche Idee in unternehmerische Realität umgesetzt haben. Eine Wettbewerbsanalyse ist daher notwendig und Gegenstand des Businessplans.

Die eigenen Potenziale

Gerade bei Existenzgründern ist das persönliche Umfeld eine kritische Variable. Die Anfangsphase der Gründung wirkt unmittelbar auf die Privatsphäre. Unterstützt Sie Ihre private Umgebung auch, wenn aus der gedachten 50-Stunden-Woche in den ersten zwei Jahren der Gründung, eine 60-Stunden-Woche über drei Jahre wird? Wenn der Urlaub wieder gekürzt wird, weil ein wichtiger Kunde ruft? Die traurige Tatsache, dass die meisten Gründungen in den ersten zwei, drei Jahren nach Beginn scheitern, hängt mit dem massiven Druck aus dem privaten Umfeld zusammen. Ein Unternehmerleben ist aufregend, aber nicht jeder mag diese Art von Aufregung. Das Zusammenleben mit einem Partner, der geregelte Arbeitszeit und einen sicheren Arbeitsplatz als Nonplusultra bewertet, führt zu extremen Zerreißproben. Behalten Sie das im Auge.
Natürlich geht es auch um die Potenziale, die in der Person und der Produktidee stecken. Hat Ihre Idee Marktwert? Entsprechen Ihre Vorstellungen denen des Marktes (Zielgruppe)? Werden Sie ausreichend Abnehmer für Ihre Leistungen finden, die ausreichend Geld lockermachen, um Ihre Kosten zu decken? Das Gerüst, das Gesamtprodukt Ihrer Überzeugungsarbeit ist in der Essenz nichts anderes als der Businessplan.

1.3 Der Businessplan

Der Businessplan ist die Dokumentation Ihrer Idee und deren Umsetzung. Er folgt bestimmten Regeln und Formalien, die sinnvollerweise einzuhalten sind. Aber:

> In erster Linie ist der Businessplan die Übersetzung Ihrer Geschäftsidee in einen Plan zum Geschäftemachen.

Eine Art Prospekt, den Sie auslegen, um das Vertrauen von Kapitalgebern und Mitarbeitern zu gewinnen.

> Der Businessplan ist kein einmaliges Werk, sondern Zahlen und Inhalte werden jährlich fortgeschrieben, sodass eine kontinuierliche, rollierende Planung entsteht.

Die zahlenmäßige Planung

Das Kernstück des Businessplans ist die letzte Teststrecke vor dem großen Wurf: die Planung. Die zahlenmäßige Planung ist auch gleichzeitig das Kernstück des vorliegenden Pocket-Business-Bandes. Über die Schrittfolge haben wir uns viele Gedanken gemacht und Sie finden sie, wenn Sie umblättern, auf der folgenden Magazin-Doppelseite.

Diese Übersicht steckt Etappen ab und diese Etappen werden wir sehr akribisch mit Ihnen gemeinsam durchlaufen. Denn hier zeigt sich, ob die Idee genug Substanz für ein Unternehmen hat. Die Konkretisierung der notwendigen Entscheidungsschritte zum Ziel, das ist ein Prozess, der Verständnis für Zahlen erfordert, in erster Linie aber viel Arbeit bedeutet. Denn die Umwandlung in Zahlen kann nur auf der Basis genauer Analysen und Beobachtungen funktionieren.

Ein gutes Analyseinstrument, um die Plausibilität einer Idee zu prüfen, sind Bilanzen bzw. Jahresabschlüsse, die Unternehmen jährlich vorlegen müssen. Hilfreich sind auch unterjährige, meist monatlich erstellte betriebswirtschaftliche Auswertungen (BWA). Gründer verfügen noch nicht darüber und bei sehr jungen Unternehmen ist die Aussagekraft der Bilanzen mit Vorsicht zu genießen. Denn in den ersten Jahren ist die Investitionsneigung hoch, der ROI, „Return on Investment“, ist meist erst nach einer Zeitverzögerung erkennbar.

Bilanzen haben zwei wichtige Merkmale: Sie sind stichtagsbezogen und vergangenheitsorientiert. In den neuesten Richtlinien zur Kreditvergabe (Rating) werden sie immer mehr in die Rolle des Plausibilitätsschecks zurückgedrängt. Sie dienen dann nur noch der Überprüfung, ob die vorgelegten Planzahlen realistisch sind. Kapitalgeber werden immer mehr eine dezidierte Planung verlangen, bevor sie überhaupt in die Feinheiten der Kreditentscheidung einsteigen. Das gilt gleichermaßen für Gründer und junge Unternehmer wie für Traditionsbetriebe. „Bewertet“ – so das Stichwort der Bankenpolitik – werden dann alle. Mit anderen Worten: Ohne Planung für die nächsten drei oder fünf Jahre kein Kapital! Von niemandem.

Notwendige (wirtschaftliche) Kompetenzen

Überblick, Vorschau und Verweis auf die Buchabschnitte

◆ **Privatsache**

Die persönlichen Lebenshaltungskosten machen den Anfang. Vorwiegend, weil Sie hier die stärkste Planungssicherheit haben. Es ist eine gute Übung, um in die Methodik der Planung selbst einzusteigen. Abgesehen davon, dass die Auflistung des persönlichen Bedarfs zu einer Ernüchterung über den weiteren Weg führen kann. Denn solange Sie kein Einkommen (Gewinne) aus dem Unternehmen haben, muss ein fremder Kapitalgeber Ihren Lebensunterhalt mitfinanzieren und wird darauf achten, dass Sie dies realistisch einplanen (Abschnitt 3.1 ab S. 26).

◆ **Am Anfang: der Absatz … oder der Umsatz**

Marktakzeptanz kommt im zweiten Planungsschritt zum Tragen. Absatz- bzw. Umsatzplanung stehen im Zentrum. Nach unserer Beratungserfahrung schaffen Existenzgründer/innen den Einstieg und junge Unternehmen den Ausbau nur, wenn sie den Markt kritisch beleuchten, sich ernsthaft mit den Marktbedingungen auseinandersetzen.

Was sind realistische Größen, die wir am Markt ab- bzw. umsetzen können? Auf welchen Aktionen/Maßnahmen basiert die Prognose? Wo bin ich besser als die Wettbewerber? Wie werden Kunden gewonnen und wann zeigt sich, dass es sich um eine Investition handelt, dass den Auszahlungen auch Einzahlungen gegenüberstehen? (Abschnitt 3.2 ab S. 31 und Abschnitt 3.3 ab S. 37)

◆ **Was kostet die Welt?**
Der Markt ist positiv gestimmt. Was brauche ich nun in meinem Betrieb an Mindestanforderungen, um den Markt bzw. die Nachfrage zu befriedigen? Mit welchen Kosten habe ich zu rechnen, wenn die betrieblichen Standardfunktionen (Organisation, Rahmenbedingungen, Mitarbeiter, Marketing, Produktion) reibungslos funktionieren sollen? Darüber gibt der Kostenplan Auskunft (Abschnitt 3.5 ab S. 48).

◆ **Wie finanziere ich meine Idee?**
Ohne Moos nix los: Wie will ich die notwendigen Investitionen der Zukunft gestalten und finanzieren? Dazu braucht es einen Finanzierungs- und Investitionsplan. Er ist die Quintessenz der vorangegangenen Planungssegmente. Hier liegt der Knackpunkt, ob die „Kohle" fließt oder nicht (Abschnitt 3.6/S. 64 und 3.7/S. 67). Läuft das frisch gegründete Unternehmen, kommt es darauf an, liquide zu bleiben (Liquiditätsplanung, Abschnittt 3.8. ab S.91).

◆ **Äußerer Rahmen**
Rechtsform, Rechtliches, Steuern, Versicherungen etc. dürfen nicht vernachlässigt werden (Kapitel 4).

◆ **Präsentation Ihres Businessplans**
Entschließen Sie sich, den Schritt zu gehen? Wie schreiben Sie, wie treten Sie auf? Eloquenz, Selbstvertrauen, Rhetorik, Gesprächsführung und Präsentationstechnik sind wesentliche Stichworte (Kapitel 5).

Auf den Punkt gebracht

Der in dieser Einführung beschriebene Weg ist im folgenden Schaubild noch einmal übersichtlich zusammengefasst:

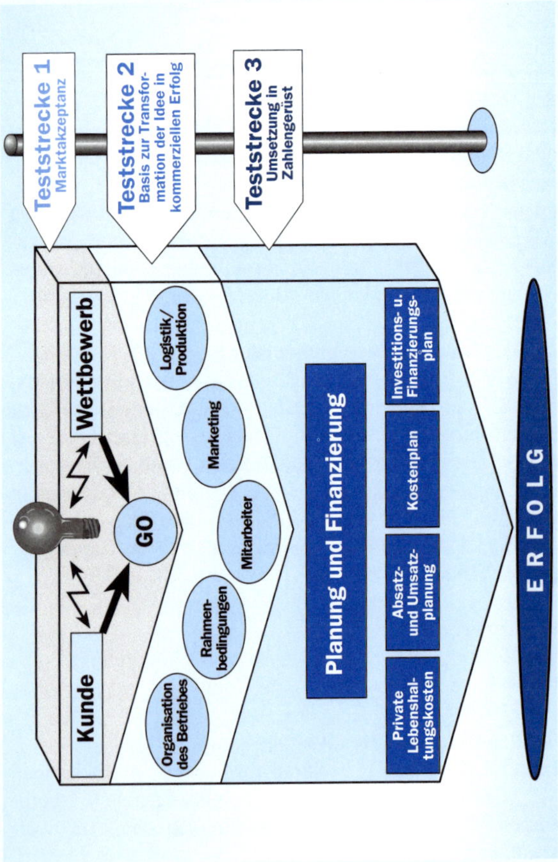

2 Prüfstein Realität

Schwierigkeiten kennen und durch Planung und Beratung überwinden

2.1 Ohne Moos nix los

Mehr als die Hälfte der Existenzgründer scheitert an Finanzierungsproblemen, die meisten davon in den ersten beiden Jahren ihres Bestehens. Finanzierungsmängel führen mit 69 % die Liste der Insolvenzgründe bestehender Betriebe an.
Solche Statistiken konfrontieren jede romantische Vorstellung zum Unternehmerdasein mit der harten Realität. Ohne Moos nix los – dieses profane Motto hat auch für (angehende) Unternehmer seine Bedeutung. Es ernst zu nehmen heißt, die Finanzierung in den hauptsächlichen Fokus der Überlegungen zu stellen, und hat sich bei der Gründungsberatung bewährt.
Finanzierung ist ein zentrales Thema für alle Unternehmer und für solche, die es werden wollen. Erich Gutenberg, Nestor der deutschen Betriebswirtschaft, hat schon früh die Finanzierung als wesentlichen Baustein (neben Produktion und Absatz) des betrieblichen Wirtschaftens beschrieben. Große Konzerne haben dieses theoretische Wissen konsequent umgesetzt. Der Finanzvorstand spielt dort eine Schlüsselrolle, mit den Aufgaben:

- Kredite für geplante Investitionen zu beschaffen und Konditionen auszuhandeln, was nach neuen Kreditvergaberichtlinien (Rating) noch einmal eine ganz neue Dimension bekommt,
- die Rendite des Kapitals im Auge zu halten (Ist der eigene Betrieb eine gute Kapitalanlage oder wäre es nicht besser, das Kapital anders anzulegen…?),
- auf die Liquidität zu achten und sie in kritischen Phasen aufrechtzuerhalten.

Es geht mit anderen Worten um die Bedeutung von Kapital und die Frage, wer es in der Hand hält.

Diejenigen haben letztlich die Entscheidungsgewalt. Auch in jungen Unternehmen sollten diese Positionen immer im Auge behalten werden. Wird kein Gewinn erwirtschaftet und rentiert sich das eingesetzte Kapital nicht, muss durch betriebswirtschaftliche Maßnahmen gegengesteuert werden oder das Geld sollte besser anderweitig angelegt werden.

Die Kreditvergabe scheint widersprüchlich, denn Kredite bekommt immer häufiger nur der, der gar keine braucht, weil er genug Eigenkapital hat. Mit Blick auf die vielen Insolvenzen und das damit verbundene Ausfallrisiko der Banken wird dies verständlich. Auch Sie verleihen wahrscheinlich kein Geld an jemand, von dem Sie ausgehen müssen, dass er es nicht zurükkzahlen kann. Vorsicht ist das Prinzip der Bank, nicht Risikobereitschaft. Banken ist es sogar per Gesetz untersagt, riskante Engagements einzugehen. Deshalb ist die Grundhaltung: Wenn Ertragsprognosen nicht eintreffen, muss die Rückführung des Kapitals über die Verwertung von Sicherheiten laufen. Banken verleihen ihr Geld sozusagen „kontraktgesichert", Rückzahlungsmodalitäten und Zinshöhe sind vertraglich geregelt. Startups und junge Unternehmen haben es deshalb besonders schwer, Geld für die Ingangsetzung und Aufrechterhaltung der betrieblichen Prozesse zu bekommen.

Kredit leitet sich aus dem lateinischen „delcredere" = Vertrauen ab. Für Gründer und Jungunternehmen ist die kritische Frage, wie man Kapitalgeber überzeugen kann, bzw. welche „vertrauensbildenden Maßnahmen" eingeleitet werden können. Ihre Unternehmerpersönlichkeit und die Plausibilität Ihres Konzeptes in Form des Businessplans sind der Nährboden, um dieses Vertrauen zu begründen und wachsen zu lassen. Die „Teststrecken" Marktakzeptanz, Darstellung der betrieblichen Funktionen und Zahlengerüst sind in Kapitel 1 schon umrissen worden und werden in Kapitel 3 im Detail dargestellt.

Die Prüfung dieser Positionen ist nicht nur gutes Recht der Fremdkapitalgeber, sondern im KWG gesetzlich geregelt (KWG = Kreditwesengesetz). Entsprechend professionell und akribisch läuft die Prüfung ab.

Kommt am Ende eine Absage, empfehlen wir Ihnen, die Gründe genau zu recherchieren und ernst zu nehmen.

Sie werden schnell feststellen, ob und warum Ihr Konzept tatsächlich nicht kreditwürdig ist oder ob Sie nur Ihre Idee nicht überzeugend darlegen konnten. Nehmen Sie die Hinweise auf, um anhand der Einwände Ihre Argumentation zu präzisieren – oder verbesserte Maßnahmen einzuleiten.

Die üblichen, fast schon traditionellen Missgriffe von Gründern aus Sicht der Finanziers lesen sich so:

- unzureichende Planung des Kapitalbedarfs
- zu später Kontakt mit der Hausbank
- zu kurze Kreditlaufzeiten
- Kontokorrentkredit wird als Investitionsfinanzierung zweckentfremdet
- zu geringes Eigenkapital
- falscher Einsatz öffentlicher Finanzierungshilfen
- Unterschätzung der Anlaufphase
- Fehleinschätzung der Marketing- und Vertriebskosten
- falsche Einschätzung der Debitorenlaufzeit (Kundenziel)
- schlechte Präsentation des Businessplanes

Die Kriterien, die Banken festlegen, um Gründern Geld zu geben, sind wahrscheinlich andere als die, die Sie an Ihr Projekt und Ihr Gründungsvorhaben stellen. Aber die Erkenntnis, dass die Unabhängigkeit des Unternehmerdaseins an den Wünschen der Kunden und den Vorgaben der Kreditinstitute endet, kann Sie nicht früh genug einholen. Allein deshalb ist es zweckmäßig, die Sichtweise der Kapitalgeber in Ihrem Businessplan in den Vordergrund zu stellen, und dabei soll Ihnen der vorliegende Band helfen.

2.2 Planung – muss das sein?

Dass der „Businessplan" Plan heißt, ist programmatisch. Planung ist ein wesentlicher Baustein, um den sich die ganzen anderen Aktivitäten gruppieren. Ohne plausible Planungsschritte kein Geld und/oder Kapital. Planung? – Wozu? Es kommt ja ohnehin alles anders als erwartet. Eine Ansicht, die nicht nur von Existenzgründern geäußert wird. Tatsächlich liegt ein großer Kern Wahrheit darin. Denn Planungen sind von so vielen Faktoren abhängig, dass es unvernünftig wäre, die Eintrittswahrscheinlichkeit der Plangrößen zu hoch zu bewerten. Trotzdem bestehen die Profis der Kapitalgeschäfte, aber auch die erfolgreichen Unternehmer darauf. Denn nur ein konkreter Plan ermöglicht Überwachung und Kontrolle. Die Abweichungen im Tagesgeschäft zu erkennen und die richtigen Gegenmaßnahmen zu ergreifen ist nur damit machbar.

Nun kann man aus mancher Not eine Tugend machen und erfreulicherweise gehört das Thema Planung in diese Kategorie. Es hat mit einer der herausragenden Aufgaben eines Unternehmers zu tun: Er muss täglich Entscheidungen treffen. Das „Muss“ ist an dieser Stelle unumgänglich, denn auch eine nicht getroffene Entscheidung ist eine: Es ist die Entscheidung für den Status quo, den Ist-Zustand. Der muss und kann nicht immer wünschenswert sein. Meist verhindert er Wachstum und begünstigt Verlust und hier steckt das Lehrgeld, das bei Fehlentscheidungen zu zahlen ist und sich schnell zu beachtlichen Summen auftürmen kann.

Das Dilemma eines Gründers oder „jungen“ Unternehmers ist, dass er in einer unsicheren und turbulenten Umwelt die richtigen Entscheidungen zu treffen hat. Dass er/sie nur auf wenige oder gar keine Erfahrungswerte zurückgreifen kann und meist noch keinen Kapitalstock aufgebaut hat, der hilft, Fehlentscheidungen zu finanzieren. Entscheidungen müssen oft in absoluter Unsicherheit getroffen werden. In der Entscheidungstheorie ist das der ungünstigste Zustand der Modellbildung. Die Entscheidung selbst umfasst einmal

- das Entscheidungsproblem (Was soll ich machen?),
- die Wege, wie das Problem gelöst wird (Wie kann ich es machen?), und
- die Alternativen mit unterschiedlichen Auswirkungen (Was passiert, wenn ich es mache?). Sie sind zu wesentlichen Teilen davon abhängig, wie Kunden, Wettbewerber, Mitarbeiter, Gesetzgeber usw. reagieren.

Unsicherheit an allen Ecken und Enden. Und doch trifft jede Fehlentscheidung in die Kernsubstanz des neuen Unternehmens, frisst das mehr oder weniger dicke Finanzpolster auf. Das wissen auch Kreditgeber, sie sind aber verständlicherweise nicht bereit, Ihr Risiko und die finanziellen Auswirkungen zu tragen. Entsprechend intensiv ist die Kontrolle. Als Außenstehende brauchen sie einen Referenzrahmen, an dem entlang sie die einzelnen (Investitions-)Entscheidungen bewerten können. Je stringenter die Planung, umso positiver die Bewertung Ihrer unternehmerischen Potenziale.

> Ein guter Unternehmensberater oder ein erfolgreicher Unternehmer (Business Angel) kann Ihnen zumindest in der Anfangszeit dabei helfen.

Planung ist die Sichtbarmachung und Festlegung Ihrer Ziele, des unternehmerischen Erfolgs. Der Aufwand, den Sie in die Erstellung der Planung stecken, zahlt sich später aus. Das gilt auch umgekehrt: Was Sie heute nicht beachten, wird Ihnen zu späterer Zeit als Unternehmer ans Bein schlagen. Die Praxis zeigt, dass in der Gründungsphase manche nachteiligen Einflüsse nicht gesehen werden wollen. Nur weil das erste fremde Kapital ausgereicht hat, heißt es nicht zwangsläufig, dass weiteres Geld folgt. Im Gegenteil, die oberste Richtschnur für professionelle Kapitalgeber heißt: „Schmeiß ja kein gutes Geld dem schlechten hinterher."
Planung gibt Ihnen ein Gerüst, an dem entlang Sie die konkreten und robusten Schritte Ihrer unternehmerischen Tätigkeit ablesen können. Soll und Ist: Wieso gibt es Abweichungen? Habe ich falsch geplant? Habe ich unrealistisch geplant? Ist mein Vorhaben an sich unrealistisch? Was muss ich ändern, um aus den negativen Positionen erfolgreiche werden zu lassen? Fragen, die Sie zum Erfolg führen. Und die einzige Möglichkeit, der Unsicherheit, in der Sie sich als Unternehmer befinden, Herr zu werden. Denn nur, wenn Sie einen Punkt haben, an dem Sie Ihre Entscheidungen messen können, lässt sich auch beurteilen, ob sie gut oder weniger gut waren.

2.3 Ich schaff das schon?!

Es ist eine gute, für einen Unternehmer eine unerlässliche Einstellung: „Ich schaff das schon!“ Ohne diese grundsätzliche Überzeugung, die Sie hoffentlich in sich spüren, wird es Ihnen nicht gelingen, andere von Ihrer Idee zu überzeugen. Weder Kapitalgeber noch Kunden noch hoch qualifizierte und hoch motivierte Mitarbeiter. Die Erkenntnis ist wichtig, aber sie macht Sie automatisch zum Einzelkämpfer. Die Erfahrung, die wir täglich in kleinen und mittelständischen Betrieben machen, ist, dass der Macher, der Chef, der „oben an der Spitze“, zu einer gewissen Einsamkeit verdammt ist. Die lässt sich nicht verhindern und ist manchmal sogar notwendig. Aber: Sie brauchen objektive und kompetente Gesprächspartner, die Ihrem gesamten Vorhaben und auch einzelnen, operativen Schritten gegenüber kritisch sind, Ideen einbringen, die Sie manchmal motivieren – denn den Chef motiviert niemand – und die Ihnen Unterstützung bei der Entscheidungsfindung geben. Auch hier sind erfahrene Unternehmer oder Unternehmensberater wichtige Gesprächspartner, die einem helfen die Eigenmotivation wiederzufinden bzw. evtl. nur durch aktives Zuhören komplizierte Probleme zu lösen. Neben Beratung heißt ein weiteres Stichwort dazu persönliches Netzwerk. Sinnvoll können z.B. auch Branchenarbeitskreise u.Ä. sein.
Mit Planung können Sie die Qualität Ihrer Entscheidung prüfen. Mit Leuten, die Ihnen helfen, Entscheidungsspielräume zu vergrößern, können Sie ganz neue Qualitäten entwickeln. Spielraum bezieht sich auf Alternativen und Optionen, die Sie haben, und auf Konsequenzen Ihrer Handlungen. Er bezieht sich darauf, sich Unterstützung für die Aktionen zu holen, in denen man selbst keine Kernkompetenzen hat.
Es ist nicht unehrenhaft, wenn Sie sich externe Hilfe holen. Für Rechtsfragen und/oder Steuerprobleme ist das sogar absolut notwendig. Es ist die einzige Möglichkeit, der Komplexität der heutigen Umwelt annähernd gerecht zu werden. Kapitalgeber werten es als Zeichen Ihrer Professionalität, wenn Sie auf professionelle Berater zurückzugreifen.

Auf den Punkt gebracht

- Selbstständigkeit braucht ein Konzept, das fachlich und wirschaftlich gleichermaßen ausgereift ist. Beides gehört in den Businessplan.
- Selbstständigkeit fordert persönliche Dispositionen:
  – belastbar sein und das Risiko nicht scheuen,
  – Verantwortung übernehmen wollen und können,
  – hohe fachliche Qualifikation besitzen,
  – unternehmerisch denken und handeln können,
  – kommunikative Fähigkeit und Führungsqualitäten.
- Sie sind dafür verantwortlich, Ihre Idee in kommerziellen Erfolg zu transformieren.
- Sie beachten dazu die Umweltbedingungen mit den wirtschaftlichen und politischen Rahmenbedingungen, den Wettwerb und auch die eigenen Potenziale.
- Der Businessplan ist die Transformation Ihrer Geschäftsidee in einen – wie der Name sagt – Geschäftsplan. Sie benötigen ihn für die Kapitalgeber, damit präsentieren Sie sich und Ihre Idee, und Sie benötigen ihn als rollierende Planung für die ersten Jahre Ihrer Selbstständigkeit.
- Überzeugt Ihr Plan? Erster Prüfstein sind die Kapitalgeber, sie formulieren Kriterien und Anforderungen, die Sie erfüllen müssen. Für grünes Licht muss Ihr Plan plausibel und Sie müssen vertrauenswürdig sein.
- Hält Ihr Plan? Kein Plan, auch kein Businessplan, ist starr. Er ist ständig zu überprüfen. Er enthält Ihre Ziele und bietet Ihnen ein Gerüst. Aber Sie müssen in einer stark veränderlichen Umwelt täglich die richtige Entscheidung treffen und bei Abweichungen den Grund klären.
- Schaffen Sie die Durchführung Ihres Plans? Optimismus ist unabdingbar, aber bleiben Sie realistisch. Und lassen Sie sich helfen. Schaffen Sie sich ein Netzwerk und suchen Sie auch gute Berater.

3 Planung konkret

Alle wesentlichen Elemente des Businessplans

3.1 Lebenshaltung = Privatsache?!

Trotz einer 60-Stunden-Woche haben Unternehmer ein Privatleben. Je nachdem, ob sie sich ein anständiges Gehalt zahlen können bzw. ob das Unternehmen ausreichend Gewinn abwirft, lässt sich dieses Leben mehr oder weniger angenehm gestalten. Die Vision, Geschäfte über das Mobilphone im Porsche abzuwickeln und am Pool der eigenen Villa neue geniale Geschäftsideen zu generieren, ist eine sehr verständliche Triebfeder für die Entscheidung zur Selbstständigkeit. Die Realität ist oft viel farbloser und trotzdem leider nicht zum Nulltarif zu haben. Planen Sie deshalb Ihren tatsächlichen privaten Bedarf genau.

Die Finanziers sind sehr an den Kosten Ihres Privatlebens interessiert, weil sie diese Kosten in der ersten Phase der Gründung finanzieren müssen. Wohnung, Versicherung, Essen, Kleidung, Kinder, Freizeit, Urlaub usw.: All das fließt in die Bedarfsermittlung ein. Das gilt insbesondere für den Existenzgründer, der in aller Regel seinen Lebensunterhalt nicht von Anfang an bestreiten kann. Innerhalb eines begrenzten Zeitraums finanzieren die Kapitalgeber diese Lebenshaltungskosten mit, wenn auch nicht zu leidenschaftlich.

Eine Reihe renommierter Kreditinstitute schlagen im Businessplan zuerst die „Privaten Lebenshaltungskosten“ auf. Werden sie nicht aufgeführt, blättern die Finanziers nicht weiter. Sind sie unrealistisch, ist das im besten Fall ein dickes Minus. Erfahrungsgemäß werden die privaten Lebenshaltungskosten zu niedrig geplant. So löblich und zweckmäßig Zurückhaltung in dieser Frage ist, eine zu krasse Enthaltsamkeit ist nicht zu empfehlen. Erstens sollten Sie sich selbst ein wenig Seelenbalsam gönnen: Ein schickes Abendessen, ein Wochenende im Süden, ein neues Kostüm oder was immer Ihnen guttut, kann

helfen, Niederlagen besser zu verkraften. Die werden sich mit hoher Wahrscheinlichkeit einstellen, das ist wie im richtigen Leben. Gehen Sie nicht zu hart mit sich selbst um. Zum anderen haben die Kreditgeber deutliche Vorstellungen von den Untergrenzen des täglichen Bedarfs und davon lassen sie sich nicht abbringen.
Zu niedrig angesetzte Lebenskosten sind problematisch, weil sie dazu führen, dass der tägliche bzw. monatliche Bedarf über den Kontokorrent (KK) des Geschäftskontos gedeckt wird. Irgendwann sind die KK-Freiräume ausgereizt und die Privatentnahmen binden die Liquidität, die für den Geschäftsbedarf gebraucht wird. Den betrieblichen Vorhaben wird damit quasi über die Hintertür der Geldhahn abgedreht. Das wollen die Kapitalgeber vermeiden.
Die realistische Höhe Ihres Bedarfes können nur Sie selbst bestimmen. Wenn Sie sich am Formular „Private Lebenshaltungskosten" orientieren, finden Sie alle Stationen, die Sie im Zuge dieser Planung kritisch berücksichtigen sollten. Gut ist es, wenn Sie dafür ein separates, privates Konto eröffnen.

Privatkosten-Plan konkret

In der konkreten Planung treten Fallen und Hindernisse auf. Hier ein paar Tipps, wie Sie daran vorbeikommen.

1. Lebenshaltung

Als Richtwert für die Bewertung der Positionen Lebensmittel, Kleidung, Freizeit/ Kultur usw. gehen die Kreditinstitute von Unterwerten aus. Für das Familienoberhaupt werden 425 €, für jeden weiteren Erwachsenen 325 € und für ein Kind werden 220 € angesetzt. Wenn Sie als Existenzgründer eine vierköpfige Familie zu versorgen haben, dann sollten Sie in dieser Kategorie nicht unter 1150 € liegen. Trägt Ihr Partner/Ihre Partnerin zum Einkommen bei, müssen Sie den Umfang dieses Beitrages nachweisen und am Plan entsprechend kürzen.

Private Lebenshaltungskosten

Beispielfirma **Gründungsdatum** 1. Januar 2009

	Monat in EUR	Jahr in EUR	Monat in EUR	Jahr 2 in EUR	Monat in EUR	Jahr 3 in EUR	Summe Monat in EUR	Jahr in EUR
Lebenshaltung Familie								
* Essen/Trinken	500	6.000					500	6.000
* Kleidung	250	3.000					250	3.000
* Freizeit	50	600					50	600
* Kultur	20	240					20	240
* Zeitung/Abos								
* Beiträge/Gebühren	10	120					10	120
KFZ-Kosten								
* Versicherung	110	1.320					110	1.320
* Steuer	20	240					20	240
* Benzin/Diesel	80	960					80	960
* Reparatur/Kundendienst	45	540					45	540
* Abschreibung	150	1.800					150	1.800
Miete **(inkl. Nebenkosten)**								
* Miete	650	7.800					650	7.800
* Nebenkosten	80	960					80	960
Gebäudekosten (Abgaben, evtl. AfA, etc.)								
Finanzierung								
* Kreditraten								
* Leasing								
* Hausfinanzierung								
Versicherungen								
* Krankenversicherung	290	3.480					290	3.480
* Rentenversicherung	350	4.200					350	4.200
* Lebensversicherung	30	360					30	360
* Unfallversicherung	110	1.320					110	1.320
* Privathaftpflichtversicherung	10	120					10	120
* Hausratversicherung	10	120					10	120
* Gebäudeversicherung								
* Sonstiges								
Unterhaltszahlungen								
* Eltern								
* Kinder in Ausbildung								
* Ehefrau (ehemalige)								
* Kinder (nicht im Haushalt)								
Sonstiges								
* Urlaub-Ansparung	125	1.500					125	1.500
* Reparaturen Haushalt	30	360					30	360
* Anschaffungen Haushalt	80	960					80	960
= prviate Lebenshaltungskosten	**3.000**	**36.000**					**3.000**	**36.000**
+ Reserve	150	1.800					150	1.800
= Netto-Bedarf	**3.150**	**37.800**					**3.150**	**37.800**
+ Steuern	850	10.200					850	10.200
= Brutto-Bedarf	**4.000**	**48.000**					**4.000**	**48.000**

2. Kraftfahrzeugkosten

Jeder, der kein privates Fahrzeug besitzt, muss 1 Prozent des Listenpreises monatlich vom Geschäftsfahrzeug versteuern, und zwar unabhängig davon, was das Auto tatsächlich gekostet hat. Das gilt auch für Gebrauchtwagen. Das Finanzamt vertritt die Ansicht, dass über den niedrigen Preis eine niedrigere Versteuerung gerechtfertigt ist, dass jedoch über die Reparaturleistungen eines gebrauchten Fahrzeugs „der ursprüngliche Stand" wieder hergestellt ist.

Beispielsweise sind bei einem repräsentativen Fahrzeug von 40.000 € (einschließlich Zubehör usw), pro Monat 400 € zu versteuern. Sie werden dem (Geschäftsführer-)Gehalt zugeschlagen, versteuert und wieder abgezogen. Leicht entstehen dadurch monatlich persönliche Steuern in Höhe von 200 €.

Trotz dieser pauschalen Abführung ist es zweckmäßig, für das Geschäftsfahrzeug ein Fahrtenbuch zu führen. Nutzen Sie es auch, um genau zu berechnen, ob es nicht möglicherweise günstiger ist, gelegentlich mit dem Privatfahrzeug geschäftliche Fahrten durchzuführen und abzurechnen, als ausschließlich auf ein Geschäftsfahrzeug zu setzen. Insbesondere, wenn private Partner ein Fahrzeug für den Weg von und zur Arbeit nutzen müssen.

3. Miete oder Gebäudekosten

Dieser Kostenblock macht wenig Schwierigkeiten. Per Bankauszug ist die Miete schnell belegt. Jährliche Nebenkostenabrechnungen lassen sich auf den Monat herunterrechnen. Zur Erfassung von Gebäudekosten ist es zweckmäßig, die Jahresrechnungen zu studieren. Kosten für Kommunikation: Telefon, GEZ, Internet usw., lassen sich ebenfalls leicht belegen.

4. Versicherungen

Unternehmer müssen sich gegen alle Risiken selbst versichern. Die Sozialversicherungspflicht entfällt – Ausnahme: Ich-AG. Bei der Krankenversicherung ist ein Wechsel zur Privatkasse denkbar und sollte geprüft werden, es kann günstiger sein.

Die Altersabsicherung über Renten- und Lebensversicherung ist einzuplanen. Die Rentenversicherung wird als monatliche Auszahlung angesetzt.

Eine Unfallversicherung mit Invaliditätsstaffel sollte jeder Unternehmer haben, da im Fall der Fälle vermutlich ein fremder Geschäftsführer eingestellt werden muss und die Versorgung des Unternehmers über die Versicherung gewährleistet sein sollte.

5. Unterhaltszahlungen

Sie sind zu berücksichtigen, soweit sie den Existenzgründer betreffen (z.B. uneheliche Kinder, pflegebedürftige Eltern).

6. Ansparungen

Ansparungen decken geplante und ungeplante Aktionen ab. Dazu zählen „Luxusgüter" wie Urlaub ebenso wie Kosten für diverse Reparatur- und Ersatzleistungen (defekte Haushaltsgeräte, Schönheitsreparaturen, neue Matratzen …). Das ist im Grunde weitgehend vorhersehbar, zumindest im Budget. Für die Planung sind solche Positionen unerlässlich.

7. Steuern

Der berechnete Verbrauch wird überwiegend aus dem Nettoeinkommen bestritten. Die Versicherungen sind zumindest teilweise steuermindernd. Trotzdem ist eine Steuerabgabe zwischen 25 % und 30 % zu kalkulieren. Bitte lesen Sie unbedingt das spätere Kapitel „Steuerfalle"!

Finanzierung der Lebenshaltung

Allein die Masse der aufgeführten Punkte macht deutlich, dass Bruttolöhne zwischen 3.000 € und 4.000 € für den Anfang keine Seltenheit sind. Der Nettobedarf kann um den Anteil reduziert werden, den der Ehepartner beisteuert. Entsprechend reduziert sich Ihre steuerliche Belastung.

Bei einer Kapitalgesellschaft wird anhand dieses Plans das Geschäftsführergehalt errechnet. Die anfallenden Steuern werden als Lohnsteuer ebenso vom Gehalt abgezogen wie die Versicherungsleistungen. Der verbleibende Teil wird auf das Privatkonto überwiesen und bleibt für den Lebensunterhalt.
Auch bei Personengesellschaften sollte man sich auf monatliche Privatentnahmen des Unternehmers festlegen. Davon werden die Versicherungen bezahlt und die später anfallenden Steuern werden auf ein separates Ansparkonto überwiesen. Die Banken spielen häufig mit, weil sie damit den privaten Dispositionskredit hinterlegen und nur aus der Differenz die Zinsen berechnen. Damit ist die Steuerbombe weitgehend entschärft.

3.2 Am Anfang: Absatz und Umsatz(planung)

Gute Zeiten – schlechte Zeiten

Hat die Welt auf Sie und Ihr Unternehmen gewartet? Werden Sie mit Ihrer Idee den Markt erobern? Wie und in welchen Sprüngen wollen Sie wachsen? Profunde Antworten zu finden ist eine aufwändige Aufgabe, denn sie erfordern klare Vorstellungen bezüglich einer abstrakten und sehr dynamischen Sache: dem Markt.
Abstrakt ist er, weil er nicht wirklich greifbar ist. Marktteilnehmer sind neben Ihnen als Anbieter Kunden und natürlich die Wettbewerber. Einfluss haben die Branche, die Konjunktur, das Verhalten „der" Käufer und nicht zuletzt die allgemeine Wirtschaft. Viele Einzelaspekte sind ständig in Bewegung und verändern auch ihre Stellungen zueinander.

> Jeder Existenzgründer braucht ein Minimum an soliden Kenntnissen zum so genannten strategischen Marketing.

Es übersteigt den Rahmen eines Bändchens zum Businessplan, dies ausführlicher darzustellen, deshalb verweisen wir auf den weiteren Band der Reihe Pocket „Grundlagen Marketing – von der Vermarktungsidee zum Marketingkonzept".

Sie erhalten aber nachfolgend eine Übersicht dazu, welche wesentlichen Aspekte Sie in den Blick nehmen und in Ihrem Businessplan unbedingt berücksichtigen sollten.

Die allgemeine wirtschaftliche Lage

Die allgemeine wirtschaftliche Situation kann den Existenzgründer stützen oder zu seinem Fall beitragen.

> Im Businessplan sollten Sie auf jeden Fall die Auswirkungen der Wirtschaftslage und struktureller Probleme auf Ihre Geschäftsentwicklung thematisieren.

Zwei Strukturprobleme sind zurzeit in Deutschland besonders unangenehm: die Unternehmens-Steuergesetzgebung und die hohen Arbeitskosten. Beide sind in ihren jetzigen Ausprägungen Wachstumshemmer. Sie verschlingen das Budget für Investitionen und produzieren so wieder Arbeitslose. Wenn Sie Ihren Absatz ohne Rücksicht auf diese tückische Spirale planen und munter Umsatz ankündigen, werden Sie kaum ernst genommen.

Berücksichtigen Sie ferner Konjunkturdaten (Bruttoinlandsprodukt, Arbeitslosenquote, Inflationsrate und außenwirtschaftliches Gleichgewicht). In Zeiten guter Konjunktur kann es Probleme geben, geeignete Arbeitskräfte zu finden, und die Kosten sind hoch. Das brauchen wir momentan nicht zu vertiefen. Schlechte Konjunktur, die als Wachstumshemmer auf den Plan tritt, beschert andere Problemlagen: Sie schwächt das Vertrauen der Kapitalgeber in wachstumsfördernde und unterstützende Politik, zahlreiche Unternehmen sind Not leidend, entsprechend skeptisch werden die Erfolgswahrscheinlichkeiten von Newcomern bewertet. Etablierte Betriebe entlassen Personal, wenn Aufträge ausbleiben. Als Gründer müssen Sie erklären, warum gerade Sie diese bestehenden Schwierigkeiten meistern können.

Branche

Ihr Plus kann zum Beispiel eine Marktnische sein, die Sie erfolgreich bedienen können – weil dort überhaupt Nachfrage besteht oder weil Sie sie als Unternehmerpersönlichkeit besonders ideenreich und aktiv bearbeiten wollen. Natürlich gibt es auch in schlechten Phasen Branchen, die boomen. Momentan zählen etwa Biotechnologie, Gesundheitstechnik und Wellness dazu. Das eigene Geschäftsvorhaben einer Branche zuzuordnen ist nicht immer einfach. Manchmal vermischen sich die Positionen.

Ein Architekt, der via Datenbus eine Vielzahl von Sensoren in Industriegebäuden unterbringt und diese übers Internet ständig abfragt, ist weder in der Baubranche noch in der IT- Branche. Er nutzt nur diese IT- Möglichkeiten zum Facility-Management. Und da ist er auch branchenmäßig einzuordnen.

Je schlechter die Branche insgesamt dasteht, umso wichtiger ist es für Sie zu begründen, warum Sie in einer schrumpfenden Branche trotzdem Erfolg haben werden. Haben Sie ein spezielles Produkt oder einen ganz besonderen „Fertigungs-" Prozess, der Ihnen eine besondere Aufmerksamkeit und Absatz bringt? Erfolgspotenziale sind vorstellbar, aber erklärungsbedürftig.

Der Wettbewerb

Den Gegner zu unterschätzen ist fatal, vor allem wenn gleichzeitig die eigenen Fähigkeiten überschätzt werden. Kein Fußballtrainer, der die gegnerische Mannschaft nicht intensiv studiert und die eigene Elf darauf einstellt. Also durchforsten Sie als Existenzgründer/in den Markt genau. Zu unterscheiden sind direkte Wettbewerber von den indirekten Wettbewerbern.

Indirekter Wettbewerb kann sich ungeahnt einstellen, wenn sich Trends und Interessen verändern. Boris Becker hat mit seinem ersten Wimbledon-Sieg Tausende von Jugendlichen auf die Tennisplätze geholt, was die betreffende Produktwelt gefördert hat. Gleichzeitig hat das aber der Musikindustrie bzw. den Instrumentenherstellern schwer zu schaffen gemacht. Wer Tennis spielt, hat keine Zeit, Musik zu machen. In den Zeiten der Beatles – zwanzig Jahre zuvor – aber war genau das angesagt, sie haben zum Musikboom geführt. Was als Nächstes kommt? Das weiß keiner so genau.

Im Produktbereich geht es um die „gnadenlos neue" Idee, die Revolution einer altbekannten Sache oder eine sehr marktfähi-

ge Variante; in Handel und Dienstleistung brauchen Sie das richtige Angebot am richtigen Ort und in jedem Fall sichert nur die akribische Wettbewerbsanalyse Ihre Überlebenschancen. Hatte jemand vor Ihnen die gleiche Idee, lautet die Frage: Hat er einen uneinholbaren Vorspung oder setzt er sich von Ihrem Produkt/Ihrer Leistung nur unwesentlich ab und es macht Sinn, durch die Wettbewerbsanalyse eigene Stärken, aber auch mögliche Schwächen zu erkennen und darauf zu reagieren?
Übrigens: Auch wenn Ihre Vorstellungen über Ihre Geschäftstätigkeit noch recht vage sind, kann die Wettbewerbsanalyse dazu beitragen, Ideen für eine Neupositionierung am Markt zu entwickeln.
Die Analyse ist zweckmäßigerweise in drei Schritten vorzunehmen:

- regionale Wettbewerber
- überregionale/nationale/globale Wettbewerber
- Wettbewerber im Internet

Wir empfehlen Ihnen ein Polaritäten- Profil zu erstellen. Dazu sammeln Sie für Ihr Gründungsvorhaben wichtige Aspekte und bewerten Ihre Position und die des Wettbewerbers. Aus dem Kurvenverlauf können Sie ableiten, wo der Wettbewerber wohl besser nicht angegriffen werden sollte und wo er Schwächen hat, die Sie als Ihre Stärken dann in die Marktarena werfen können. In der direkten Konfrontation mit den Wettbewerbern wird vielleicht auch eine Nische als Position für Sie erkennbar, die Sie besetzen könnten.

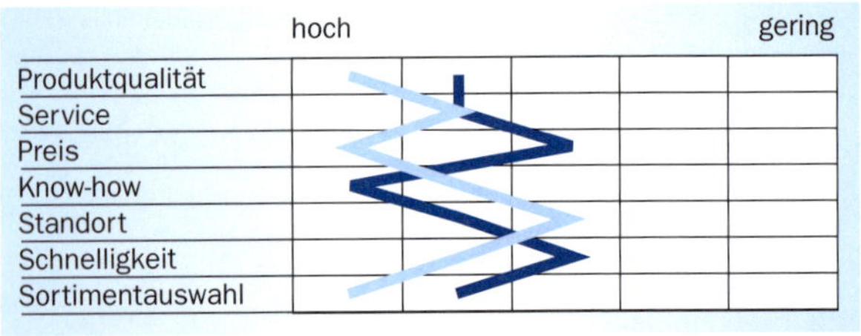

Prinzip einer Wettbewerbs-Analyse bzw. eines Polaritäten-Profils

Die Zielgruppe

Wenn Sie Befragungen unter Existenzgründern oder auch weniger erfolgreichen Unternehmern machen, wer ihr Produkt kaufen soll, ist die Antwort oft: „Alle." Und schon wendet sich der Kapitalgeber mit Grausen ab. Denn „alle" können und sollen Sie nicht bedienen. Je unspezifischer die Gruppe der potenziellen Kunden, desto unmöglicher ist es, gezielt und treffsicher Werbung zu machen und die Kunden aus der abstrakten Masse des Marktes herauszufischen. Nur für eine ganz bestimmte und von Ihnen festzulegende, mit konkreten Eigenschaften beschreibbare Gruppe von Menschen wird Ihr Produkt oder Ihre Dienstleistung einen unwiderstehlichen Nutzen stiften. Erstens verschaffen Sie sich einen Wettbewerbsvorteil, indem Sie eine Zielgruppe mit besonderen Wünschen gezielt anpeilen, und zweitens ist dann realistische Werbung ohne zu große Streuverluste möglich.

Dynamik, Veränderungen und Turbulenzen

Bei Ihrer Geschäftsidee und deren längerfristiger Verfolgung müssen Sie weiterhin beachten:

- die technologischen Veränderungen
- gesellschaftliche Trends
- Veränderungen, die aus der Gesetzgebung resultieren

Aktualität ist vorteilhaft am Markt und hinzu kommt, dass Neues oft Förderung erfährt (wie zum Beispiel das Segment Umwelt und Energie).

Und nun kommen auch noch Sie ...??!!

Schon diese sehr geraffte Darstellung zeigt, dass es nicht damit getan ist, dem Kreditgeber ein geschätztes Wachstum zu nennen oder gar hohe Zahlen vorgaukeln zu wollen.

> Im Absatz- und Umsatzplan geht es darum, Schätzungen zu belegen und nachvollziehbar zu machen.

- Absatz meint konkrete Stückzahlen der Produkte und Leistungen (Verkaufszahlen, Stundenleistungen, Tagewerke o. a.), die Sie am Markt absetzen.
- Umsatz ist die Höhe der gesamten Einnahmen, die Sie über den Verkauf der Produkte erzielen. Er ergibt sich als (geplante) Menge x (geplanter) Einzelpreis.

Jede Bank oder Sparkasse wertet die Jahresabschlüsse ihrer Firmenkunden aus. Dabei werden Benchmarks (Vergleichszahlen) abgeleitet. Deshalb haben Kapitalgeber meist einen guten Einblick in die Marktverhältnisse und allein das rechtfertigt, dass Sie sich intensiv in diese Thematik hineinknien. Hinzu kommt, dass die damit gewonnene Markttransparenz Voraussetzung für Ihren erfolgreichen Unternehmensauf- und ausbau ist. Bei Geld- und Kapitalgebern wird den Vorstellungen von Absatz und Umsatz das meiste Augenmerk geschenkt und in den Präsentationen werden die einzelnen Positionen gezielt und akribisch hinterfragt.
Selbstverständlich weiß jeder, dass Absatzzahlen geschätzt, damit risikobehaftet und ungenau sind. Aber wer, wenn nicht der/die zukünftigen Unternehmer haben die besten Voraussetzungen für plausible Angaben? Das Zauberwort ist schon gefallen und lautet „Nachvollziehbarkeit“.
Dazu zwei Tipps:

- Teilen Sie niemals eine Jahreszahl durch 12, um Monatszahlen zu erhalten – das wäre ein sicheres K.O.-Kriterium –, sondern beachten Sie auf jeden Fall saisonale Verläufe.
- Unterstellen Sie keine Absätze/Umsätze ohne definierte Aktivitäten und ohne dass deren Wirkungsfristen beachtet werden. Beantworten Sie in Businessplan und Präsenation im Einzelnen folgende Fragen:
  - Welche Marketingmaßnahmen habe ich wann eingeleitet?
  - Wie lange dauert der Prozess bis zum Verkaufsabschluss?
  - Wie viel Prozent der Kontakte werden zu Kunden?
  - Welcher Umsatz ergibt sich daraus pro Monat?

Um dahin zu kommen, brauchen Sie ein klar skizziertes Produkt, Sie brauchen Medien, um der Welt mitzuteilen, dass es Sie und Ihr Unternehmen gibt, Sie brauchen Vorstellungen darüber, zu welchem Preis Sie anbieten wollen, und Sie brauchen Wege und Kanäle, über die das Produkt dann an den Mann / die Frau kommt. Im Überblick:

Produkt	Was biete ich an?
Preis	Was kostet mein Angebot
Vertrieb	Wer verkauft meine Leistungen? Wo biete ich sie an?
Kommunikation	Wie sage ich wem, dass es mich und mein Unternehmen gibt?

Mit dieser Auseinandersetzung sind Sie schon mittendrin im professionellen Marketing, denn das sind die vier traditionellen Marketing-Bausteine.

3.3 Marketing

> Marketing ist zum einen eine Denkhaltung, die besagt, dass die Wünsche des Kunden im Vordergrund aller Betrachtungen stehen.

Gerade bei Gründern, die oftmals sehr produktverliebt sind, führt eine „Verblendung" zur „Marktblindheit", aber kundenorientierte Nutzenargumentation sollte im Vordergrund stehen. Motto ist: „Qualität ist echte Kundenzufriedenheit!"

> Marketing ist zum anderen aber auch ein Methodenkoffer, um den Markt erfolgreich zu bearbeiten.

Mit Produkt, Preis, Vertrieb und Kommunikation sind die entscheidenden Stellgrößen genannt, mit denen am Markterfolg „gedreht" wird, und die Kunst besteht darin, den richtigen Marketing-Mix zu treffen. Im Rahmen dieses Buches über den Businessplan gehen wir darauf knapp ein und verweisen auf einen weiteren Band in der Reihe Pocket-Business: „Marketing-Mix – die sieben P's des Marketings“ (im Englischen beginnen die Bezeichnungen für die Elemente des Marketing-Mix alle mit dem Buchstaben P und über die oben genannten vier hinaus gibt es drei weitere, die sich speziell auf Dienstleistungen beziehen: Personen, Prozesse, physische Erscheinung).

Produkt: Was biete ich an?

Für den Geschäftsplan sind zwei Perspektiven darstellbar:

- das eigene Produkt/die Dienstleistung in Abgrenzung zum Wettbewerb oder
- der Innovationsgrad und (Zusatz-)Nutzen des neuen Produktes in der Zielgruppe

Stellen Sie Ihr Produkt so dar, dass es auch ein Laie verstehen kann.

Technische Finessen sind nett, aber entscheidend für die positive Entwicklung Ihrer Geschäftsidee ist, dass Sie den Nutzen für künftige Anwender/Verbraucher darstellen. Auch potenzielle Kapitalgeber oder (Geschäfts-)Partner sind ggf. Abnehmer Ihrer Leistung. Nutzen Sie die Chance, sich positiv darzustellen und die Zuhörer von Ihrer Leistung zu überzeugen.
Auch wenn sich scheinbar Gegenbeispiele finden lassen: Jedes Produkt hat einen Lebenszyklus mit Startphase, Wachstum, Reife, Sättigung und Degeneration (Abschiedsphase). Das gilt auch für eingeführte Produkte, die dann verjüngt werden.

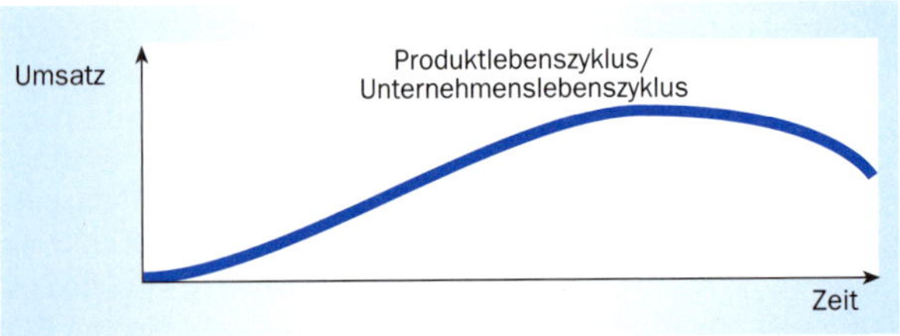

Prinzipieller Verlauf eines Produktlebenszyklus

Das heißt: Immer wenn der Absatz im Zyklus nach unten geht, muss neu investiert werden, damit das Produkt weiter am Markt besteht. Gelingt es, eine Marke daraus zu machen, ist dieser Prozess einfacher zu gestalten. Mit nur einem Produkt ist auch der Lebenszyklus des Unternehmens eher kurz anzusetzen. Kapitalgeber achten deshalb auf geplante Substitutionsprodukte, so der Fachbegriff.
Positionierungen von Produkten in den Marktsegmenten hängen auch vom Marktwachstum in Verbindung mit dem Anteil, den man selbst in diesem Markt abdeckt, ab. Mit der Veränderung der Märkte ändert sich die Bedeutung der Produkte. Marktwachstum gering, Marktanteil gering, meint: Hier ist nichts zu holen. Marktwachstum hoch, aber der eigene Anteil gering, verspricht: Hier kann sich etwas bewegen, muss aber nicht, deshalb: Fragezeichen. Verändert sich der Marktanteil im Wachstumsmarkt, kann man sich Steigerungen versprechen. Man zeichnet diese Positionen in eine so genannten Portfoliomatrix, die ein gutes Instrument für Sie ist. Sie kann nicht nur bei der Einordnung der Leistungen Hilfestellung geben, sondern hilft in späteren Unternehmensjahren auch, Geschäftsfelder zu isolieren, auszubauen oder darauf zu verzichten.

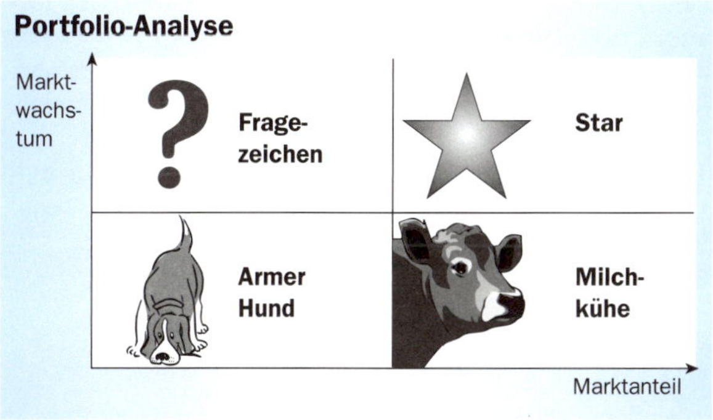

Prinzipielle Struktur einer Portfolio-Matrix mit Marktpositionen

Der Preis

Preise haben zwei Dimensionen. Zum einen geht es darum, die Preisuntergrenze für Ihre Leistungen zu kalkulieren und mit Deckungsbeiträgen zu arbeiten (siehe Abschnitt 3.5). Die zweite Seite ist die Marktsituation. Wenn mehr Anbieter am Markt sind als Nachfrager, ist es oft schwierig, den kalkulierten Preis zu erreichen. Deshalb sind unvergleichbare Produkte oder solche mit besonderem Nutzen so wertvoll.
Unter Marktgesichtspunkten kann der Preis auch Signalfunktion haben (Schwellenpreise oder Preise mit Endziffern 9 wie z.B. 1,99 €). Zur Preisgestaltung gehören ferner Zahlungsbedingungen, Zahlungsziele, Rabatte, Bonussysteme etc. Für eine realistische Planung sind sowohl Stückzahlen als auch der Marktpreis pro Stück zu hinterlegen.

Der Vertrieb

Er ist derzeit in nahezu allen Unternehmen ein Engpassfaktor, denn wenn die Nachfrage sinkt, wird der Kampf um den einzelnen Kunden härter. Dann kann ein erfolgreicher Verkäufer den wichtigen Unterschied markieren. Sind Sie selbst eine Verkäuferpersönlichkeit und kann der Verkauf (zumindest am Anfang) Chefsache sein? Oder haben Sie nur wenige Ambitionen und Fähigkeiten in diese Richtung? Dann ist die Frage, wer diesen Job bei Ihnen übernehmen kann, von existenzieller Bedeutung. Denn ohne Aufträge geht es ebenso wenig wie ohne Kapital. Grundsätzlich ist zu hinterfragen, über welche Kanäle und Mittelsmänner Sie Ihre Leistungen an den Mann / die Frau bringen wollen. Die Möglichkeiten halten sich in Grenzen, wenngleich der Phantasie bei der konkreten Ausgestaltung keine solchen gesetzt sind. Die grundsätzlichen Möglichkeiten sind

- Direktvertrieb oder
- Vertrieb über Handelsstufen und dann
  - über Großhandel,
  - über Einzelhandel,
  - über Versandhandel.

Das hängt im Einzelnen davon ab, ob Sie Produzent, Händler, Dienstleister etc. sind und in welcher Branche. Darüber hinaus müssen Sie mit den Betreffenden auch wirklich ins Geschäft kommen können (nicht jeder Großhändler gibt sich mit kleinen Mengen ab, nicht jeder Einzelhändler möchte unbedingt seine Produktpalette vergrößern).

Sie sollten sich als Gründer/in mit dem Thema Vertrieb auf jeden Fall eingehend beschäftigen und ein realistisches Konzept erarbeiten.

Kunden finden – Kunden binden

Kapitalgeber bevorzugen die Variante, nach der bereits konkrete Kunden im Visier und für ihre Leistungen „abnahmebereit" sind. Das erarbeitet man sich vor der Gründung. Nach der Gründung gilt: Neue Kunden zu finden ist ungleich schwieriger und aufwändiger, als bestehende Kunden zu halten. Stichwort ist z.B. Wiederkäufer. Der Kunde soll wiederkommen. Damit das gelingt, ist eine zugegebenermaßen zeitintensive Pflege der Kundendaten notwendig. Alle möglichen Informationen sind darin festzuhalten. Zielrichtung: Wie kann ich genau diesen Kunden halten, welche Produkte kann ich ihm (noch) bieten? Heute spricht man von „CRM", Customer Relation Management, gemeint sind alle Maßnahmen, um die Kunden an das Unternehmen zu binden.

Absatz mittels Mittler

Um Absatz zu generieren, kann man auch so genannte Absatzmittler ins Spiel bringen: Sie stehen zwischen Ihrem Produkt und den Kunden. Der Handel gehört dazu, aber auch Empfehlungsgeber /Referenzen, Meinungsführer, Trendsetter, Gate Keeper. Junge Unternehmen und Gründer haben beim Markteintritt eine riesige Hürde zu überwinden. Im Gegensatz zum etablierten Wettbewerb haben sie in aller Regel noch keine Referenzprojekte. Je komplexer das Produkt, die Leistungen, umso größer der Wunsch nach zufriedenen Kunden.

Sobald die erste Referenz da ist: Festhalten, festhalten, festhalten. Denn zufriedene Kunden können sich zu Empfehlungsgebern entwickeln.

Und diese Art des Vertriebes ist immer noch die beste Form. Denn nicht Sie, sondern zufriedene Kunden leisten Überzeugungsarbeit für Ihren Betrieb. Und das meist kostenlos.

Die Kommunikation

Wer mit dem Markt kommuniziert, hat nicht zwangsläufig Erfolg, aber wer nicht kommuniziert, hat keine Chance, erfolgreich am Markt zu bestehen. Wer keine Kontakte und Bekanntheit am Markt aufbaut, darf sich nicht wundern, wenn niemand die eigenen Produkte will. Bestenfalls weiß keiner, dass es Sie und Ihr Unternehmen gibt.
Wie erfährt die Welt, dass es Sie gibt? Dazu gibt es eine Reihe von Wegen, die Sie gehen können. Jeder Schritt aber sollte genau überlegt sein, denn die Kommunikation mit dem Markt ist teuer. Unbezahlbar ist sie, wenn hohe Streuverluste zu verzeichnen sind. Das passiert meist, wenn die Bedürfnisse der Zielgruppe nicht genau erkannt sind. Welchem Trend folgt die Zielgruppe, welche Medien bevorzugt sie, wo hält sie sich bevorzugt auf? Das müssen Sie wissen, um Ihre Werbung zu platzieren und das Ganze wirkungsvoll zu gestalten.
Kommunikation ist nur ein Mosaikstein des Marketings und Werbung wiederum nur ein Teil der Kommunikationspolitik, die Sie mit Ihrem Unternehmen betreiben. Vertiefen Sie Ihre Kenntnisse und arbeiten Sie auch diesen Teil der Planung sorgfältig aus!

Ihr Businessplan muss einen Abschnitt zu den Kommunikationsmaßnahmen enthalten und auch die zahlenmäßigen Auswirkungen sind zu berücksichtigen.

Die wichtigsten Instrumente der Marketingkommunikation :

- Klassische Anzeigen (Wo schalten Sie diese – regional, überregional, Fachzeitschriften, Jugendillustrierte?), legen Sie das genau fest, denn Anzeigen verschlingen erhebliche Budgetanteile!

- Prospekt /Folder (wie herstellen, wie und wo verteilen?)
- Werbebrief, unbedingt mit Antwortmöglichkeit = sog. Responseelement (an welche Adressen, mit Prospekt, Porto?)
- Imagebroschüre (mit welchen konkreten Ziel, Verteilung?)
- Rundfunk- Fernseh- und Kinowerbung (regional möglich)
- Messen und Ausstellungen (direkter Kundenkontakt)
- Internet (Hier gilt der Satz: Wer nicht drinnen ist, ist schnell raus aus dem Markt. Nicht jeder braucht eine Mega-Homepage. Aber eine Visitenkarte im Netz ist unumgänglich.)
- Kampagnen (abgestimmtes Gesamtpaket von Maßnahmen mit bestimmtem zeitlichen Ablauf, Mehrfachimpuls)
- Corporate Identity bzw. Design: Schriftzug, Logo, Briefpapier, Kassenzettel, ggf. Visitenkarten, Informationsmaterial etc. – unbedingt die Erstausstattung budgetieren!!

3.4 Alle Fälle vorplanen – auch den „worst case"

Ihre Marktposition stellt letztlich die entscheidenden Weichen über Erfolg und Misserfolg am Markt. Die Marktchancen sind kein Datum, das Sie bloß zur Kenntnis nehmen. Vielmehr ist jede Positionierung beeinflussbar und die Mischung in Ihrem Mix trägt Sie zum Erfolg. Aber der ist nicht zwangsläufig und auch als Gründer müssen Sie den Kapitalgebern eine Skizze davon geben, welche Schritte Sie in welcher Reihenfolge planen. Ob Sie Kampagnen starten, wer die operative Arbeit zu übernehmen hat. Daraus sollte klar ersichtlich werden, wie die Kampagnen im Detail den Absatz bedingen.
Am besten ist es, wenn Sie in folgenden Varianten planen :

- pessimistisch (worst case)
- realistisch (real case) und
- optimistisch (best case)

Planen Sie auch Ausstiegsszenarien, so genannte Exitstrategien ein. Das ist kein tödlicher Pessimismus, es ist nur das Signal, dass Sie sich und Ihrem Unternehmen klare Grenzen gesetzt haben. So setzen Sie sich mit den Wirkungen der Einzelrisiken auseinander und schaffen weiteres Vertrauen bei den Kapitalgebern.

Fallbeispiel Folge 1

Absatz- und Umsatzplan konkret

Die konkrete Umsetzung in ein Zahlengerüst wird am Ende jeden Abschnitts anhand eines Fallbeispiels veranschaulicht.

Unsere Musterfirma: ein Omnibusunternehmen – hier die Ausgangssituation

Junger Disponent aus der Spedition heiratet Reiseverkehrskauffrau. Sie werden ab Januar zwei Reisebüros unterhalten, ab März diverse Linienverkehrslizenzen übernehmen und zwischen Januar und April jeden Monat einen Reiseverkehrsbus erhalten. Die Reiseunternehmen H. in Essen und S. in München mieten die Busse. Ein eigenes Bus-Rundreiseprogramm soll entstehen. Die Frau hat auf diesem Gebiet einschlägige Erfahrungen; vor allem in der Akquisition. Das gilt auch für Gruppenreisen, um die Fahrzeuge zu vermieten.

Daraus lassen sich vier Geschäftsfelder ableiten:

- Linienverkehr,
- Mietwagenverkehr für S. und H. und Gruppenreisen, wie Vereine und Schulen,
- Umsätze über das eigene Programm,
- Fremdumsätze durch Reise-Verkauf in den Reisebüros.

Geplant wurde das erste Geschäftsjahr, sinnvoll sind zwei Jahre, verlangt werden meist drei Jahre.

Planung des Geschäftsfelds Linienverkehr

Für den Linienverkehr steht ein Kombibus (auch für Fernreiseverkehr einsetzbar) zur Verfügung. Er wird am 18.02. geliefert und kann in naher Zukunft für ca. 1 Tag ausgelastet werden. Es bestehen bereits Lizenzen/Verträge für zwei Schullinien. Eine Kurzlinie verläuft innerhalb Reinbeks, startet um 7.10 und endet am ...platz um 7.50. Die längere Linie beginnt dort um 7.55 und endet um 8.40 an einer Berufsschule in HH-Süd. Beide Lizenzen sind bis ins Jahr 2016 vergeben.

Ab Juni ist noch eine Linie für den karitativen Träger L. im Gespräch, die von HH-Süd in Richtung Reinbek führt und in Hohenfrenzen bei L. um 9.30 Uhr endet. Die Schulrouten werden zwischen 12.30 und 14.00 zurückgefahren. Die Rückfahrt für L. startet um 17.00 Uhr und endet um 17.40 in HH-Süd.
In Verhandlung sind zwei weitere Linien: die tägliche Verbringung von Offizieren zwischen einer Kaserne zur Heeresausbildungsstätte und zurück oder alternativ die Firma Si., die ihre Nachmittagsschicht zurückbringen und die Frühschicht abholen lässt. Beide Verhandlungen sind nicht abgeschlossen und liegen zur Entscheidung beim Senat. Bei beiden Linien gibt es drei unterschiedliche Mitbewerber. In der Planung ist man davon ausgegangen, dass im Mai eine Linie lizenziert wird.
Die in die Umsatzplanung (s. nächste Seite) eingetragenen Beträge errechnen sich aus der Multiplikation von Tagen x Fahrpreis + Zuschuss nach §45 a Landesförderung. Die Absatzentwicklung folgt der zeitlichen Planung des Aufbaus und der Umsatzeinbruch im August ist durch die Ferienzeit bedingt.

Planung Geschäftsfeld Reisebüros

Die Reisebüros liegen in Reinbek und HH-Harburg (Süd). Die Monatszahlen sind Erfahrungswerte der Reiseverkehrskauffrau. Zusätzlich erfolgte eine Zufallsbefragung mit 222 Haushalten. Die Hochrechnung auf die Gesamthaushalte Reinbeks ergibt fast eine Vervierfachung der Planzahlen. Die Werte sind konservativ angesetzt und im Zweifelsfall nach unten korrigiert. Es wurde ein durchschnittlicher Reisepreis von 750 € unterstellt. Der Januar-Umsatz entspricht einem abgerundeten Absatz von ca. 100 Paxen (Buchungen).
Beide Büros eröffnen am 2. Januar des Folgejahres, dem Tag, an dem Frühbucher üblicherweise ihre Rabatte einlösen und kinderlose (Ehe-)Paare die Frühsaisonpläne besprechen. Deshalb werden vorab zum 22.12. die neuen Kataloge an alle Haushalte verschickt. Über einen speziellen E-Mail-Service werden Kunden kontinuierlich über Regionen, Kategorien und Sonderpreise informiert. Dem momentanen Trend zum „Last-Minute-Trip" wurde durch die relativ hohen Umsätze im Juni Rechnung getragen.

Planung des Segments Mietwagen

Unterstellt wurde ein Tagespreis von mindestens € 500, der in Hamburg und Umgebung zu realisieren ist. Er dient auch als Kalkulationsgrundlage für das eigene Reiseprogramm. Mit S. aus München wurde ein „Letter of Intent" unterzeichnet. Die Fahrzeuge werden als Zubringer aus dem norddeutschen Raum nach München eingesetzt (von wo aus S. die südeuropäischen Reiseziele anfährt) und sie sollen für Englandrundfahrten und Reisen zum Nordkap genutzt werden.Eine ähnliche Vereinbarung wurde mit H. in Essen getroffen. Auch hier sind Zubringerdienste in den Westen, Frankreich-/Spanienfahrten sowie Touren nach Skandinavien und nach Russland im Gespräch.

Auf der Basis einer Vorplanung für das erste halbe Jahr, anhand der Absprachen und der Reiseprogramme beider Gesellschaften, wurde die Auslastung pro Omnibus und Tag gerechnet. Die Anzahl der Anmietungstage wurde mit € 500 multipliziert.

Umsatzplanung

Beispielfirma

Planung Warengruppen	Jan 09	Feb 09	Mrz 09	Apr 09	Mai 09
1 Linien			13,2	13,2	20,0
in %			*6,8 %*	*6,8 %*	*10,4 %*
2 Reisebüros	70,0	95,0	90,0	75,0	60,0
in %	*10,1 %*	*13,7 %*	*12,9 %*	*10,8 %*	*8,6 %*
3 Mietwagen	5,0	11,0	24,0	33,0	36,0
in %	*1,8 %*	*3,9 %*	*8,6 %*	*11,8*	*12,9 %*
4 eigene Reisen			22,0	32,0	60,0
in %			*6,5 %*	*9,5 %*	*17,8 %*
5					
in %					
6 Sparte 6					
in %					
9 Summe (1–8)	75,0	106,0	149,2	153,2	176,0
in %	*5,0 %*	*7,0 %*	*9,9 %*	*10,2 %*	*11,7 %*
10 Summe (kumuliert)	75,0	181,0	330,2	483,4	659,4
in %	*5,0 %*	*12,0 %*	*21,9 %*	*32,1 %*	*43,8 %*

Planung Warengruppen	Jan 10	Feb 10	Mrz 10	Apr 10	Mai 10
1 Linien					
in %					
2 Reisebüros					
in %					
3 Mietwagen					
in %					
4 eigene Reisen					
in %					
5					
in %					
6 Sparte 6					
in %					
9 Summe (1–8)					
in %					
10 Summe (kumuliert)					
in %					

Planung der eigenen Reisen

Aus der Erfahrung als Studienreiseleiterin hat die Inhaberin ein Spezialprogramm von Rundreisen zusammengestellt. Während große Veranstalter bei Studienreisen eine Sehenswürdigkeit nach der anderen abhaken, soll hier eher das „Erlebnis“ im Vordergrund stehen. Aus der Vergangenheit liegen ca. 2.000 Adressen von Interessierten vor. Die Plausibilität der Planung ergibt sich aus Durchschnittspreisen zwischen 70 € und 100 € pro Tag und Pax. Kalkuliert wurde mit 20 Paxen pro Reise und mit der Annahme, dass ca. 35 % der angebotenen Reisen zustande kommen. Die damit verbundenen Tage wurden mit 20 (Paxen) und dem jeweiligen Tagespreis multipliziert. Reisen mit über 20 Teilnehmern bringen einen entsprechenden Mehrumsatz. Sollten mehr als 35 % der Reisen zusammenkommen, ist eine Umsatzausweitung denkbar.

Gründungsdatum 1. Januar 2009

Umsatzplanung für das Gründungsgeschäftsjahr 2009

09	Jul 09	Aug 09	Sep 09	Okt 09	Nov 09	Dez 09	Jahr
..5	18,5 *9,6 %*	11,4 *5,9 %*	20,0 *10,4 %*	24,5 *12,7 %*	24,5 *12,7 %*	26,0 *13,5 %*	192,8 *100,0 %*
,0	20,0 *2,9 %*	15,0 *2,2 %*	35,0 *5,0 %*	45,0 *6,5 %*	20,0 *2,9 %*	80,0 *11,5 %*	695,0 *100,0 %*
,0	35,0 *12,5 %*	27,0 *9,7 %*	27,0 *9,7 %*	30,0 *10,8 %*	12,0 *4,3 %*	6,0 *2,2 %*	279,0 *100,0 %*
,0	40,0 *11,8 %*	22,0 *6,5 %*	40,0 *11,8 %*	22,0 *6,5 %*	6,0 *1,8 %*	44,0 *13,0 %*	338,0 *100,0 %*
,5	113,5 *7,5 %*	75,4 *5,0 %*	122,0 *8,1 %*	121,5 *8,1 %*	62,5 *4,2 %*	156,0 *10,4 %*	1.504,8 *100,0 %*
,9	967,4 *64,3 %*	1.042,8 *69,3 %*	1.164,8 *77,4 %*	1.286,3 *85,5 %*	1.348,8 *89,6 %*	1.504,8 *100,0 %*	

Umsatzplanung für das Gründungsgeschäftsjahr 2010

10	Jul 10	Aug 10	Sep 10	Okt 10	Nov 10	Dez 10	Jahr

3.5 Kosten und Kalkulation: Was kostet meine Idee?

Kostenbegriff und Wertschöpfung

Als Einführung ein kleiner Tipp: Der alltagssprachliche Begriff Unkosten existiert in der fachlichen Welt nicht. Man spricht ausschließlich von Kosten, „Unkosten" entlarven den betriebwirtschaftlichen Amateur – dieses Image sollten Sie als (angehender) Unternehmer vermeiden. Bringen Sie die Dinge auf den Punkt und sprechen Sie von Kosten.
Kosten werden oft als notwendiges Übel angesehen, das möglichst gering zu halten ist. Sie sind aber notwendig, weil jedes Unternehmen, jeder Freiberufler mindestens Geschäftsausstattung, Material, Arbeitsleistungen etc. bezahlen muss, ohne die er keine Leistung erstellen kann. Bevor wir auf die Leistung und die damit verbundene Wertschöpfung zu sprechen kommen, lohnt es sich, den Kostenbegriff als solchen näher zu betrachten. Kosten sind in den meisten Fällen Anschaffungskosten. Vielfach ziehen sie weitere Kosten nach sich, beispielsweise Opportunitätskosten.

Kaufen Sie ein Buch, beispielsweise das vorliegende „Businessplan", müssen Sie die direkten Anschaffungskosten aufbringen. Sie investieren nun noch Zeit, um das Buch zu lesen, und damit entstehen sog. Opportunitätskosten. Das sind die Kosten, die daraus resultieren, dass Sie Zeit mit Lesen verbringen, die nicht mehr anderweitig einsetzbar ist („Verzichtskosten").

Gleichzeitig verfolgen Sie ein Ziel mit Ihren Aktionen, d.h., Sie erwarten einen Gegenwert (zum Beispiel mehr Wissen oder Know-how). Das alles ist unternehmerisch nur sinnvoll, wenn der Nutzen in der Summe „mehr Wert" darstellt als die Summe der direkten und indirekten Kosten. Und damit ist schon klar, worauf es bei Ihrem Kostenmanagement als Gründer/-in ankommt:

> Sie müssen alle Kosten kennen, beziffern können und auch entscheiden können, ob sie durch entsprechenden „Mehrwert" gerechtfertigt sind.

Das ist leichter gesagt als getan, denn schon in dem simplen Beispiel des Buches stellt sich die Frage, wie man etwa Lektürezeit beziffern kann.

> Kostenrechnung setzt voraus, dass man Leistungen, Werte etc. in geldwerten Äquivalenten ausdrücken kann.

Im Beispiel würden Sie möglicherweise Ihre Zeit mit einem Stundenlohn bewerten.
In der allgemeinen Definition sind Kosten „in Geld bewerteter Güterverzehr". Güter (dazu zählt nicht nur Material, sondern auch Arbeitsstunden, Maschinenzeiten usw.) werden verzehrt und in Geldbeträge umgerechnet (Einkauf, Personalkosten, Produktionskosten). Sinn dieses Güterverzehrs (Wolle, Bücher, usw.) ist es, Wert (Pullover-„Wärme", Bildungsstand usw.) zu schöpfen.
Der Überlebenszweck eines Unternehmens ist die Wertschöpfung. Der schon formulierte Merksatz liest sich in dieser Fachsprache so, dass ein Betrieb nur überlebt, wenn der Wert von Produkt und Dienstleistung für den Abnehmer höher ist als die „verzehrten Güter". Um diesen Mehrwert schöpfen zu können, hat jedes Unternehmen zwangsläufig Kosten. Wichtig ist, dass die Kosten als solche erkannt werden. Das ist Voraussetzung für eine sinnvolle Planung und für die Kalkulation der Preise, die Sie für Ihre Produkte und Dienstleistungen erzielen sollten. Kosten, die anfallen, ohne Wertsteigerung zu ermöglichen, sind Blindleistungen.

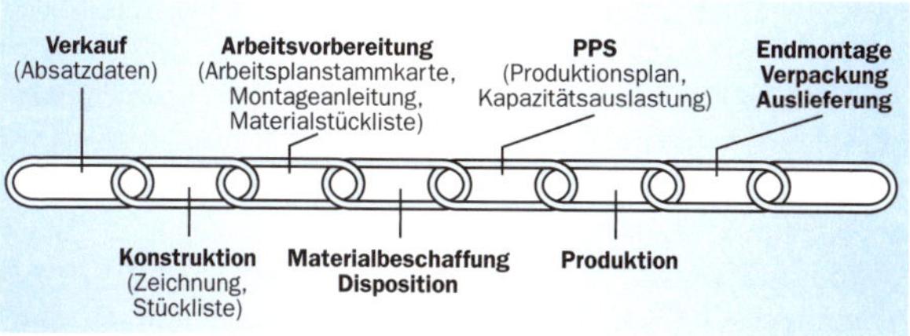

Beispielhaft: Wertschöpfungskette bei der technischen Produktion

Als Gründer sind Sie gut beraten zu klären, an welcher Stelle des Wertschöpfungsprozesses Ihre Leistungen einzuordnen sind, nur so können Sie beurteilen, ob Sie das Optimale tun.

Betrachten wir ein Beispiel: In der Schafzucht stand schon immer die Frage an, wie die Schafschur zu organisieren sei: Der Schäfer kann selbst die Schafe scheren oder er greift auf einen „Wanderarbeiter" zurück. Dieser zieht von Herde zu Herde, hat große Erfahrung, ist dadurch schnell und für ihn lohnt sich bestes Werkzeug. Er verursacht Kosten, aber dennoch könnte das für den Schäfer günstiger sein, weil der Scherer eine höhere Wertschöpfung erbringt als der Schäfer.

Abstrakt gesagt: Unter Kostengesichtspunkten kann es sich lohnen, bei der Produktpolitik über „Outsourcing" von Leistungen nachzudenken.

Genau das ist übrigens – seitenverkehrt – im Konzept unseres Muster-Bus-Unternehmens im Fallbeispiel gegeben: Man übernimmt Aufträge, die größere Unternehmen im Outsourcing vergeben.

Bevor wir uns der konkreten Kostenrechnung zuwenden, betrachten wir kurz die unterschiedlichen Arten der Einteilung und Strukturierung von Kosten. In der Literatur verbergen sich hinter den Begriffen (geringe) Abweichungen und Ihre Kapitalgeber legen vielleicht Wert auf eine bestimmte Einteilung. Einigen Sie sich auf eine für Sie passende Vorgehensweise! Jeder der Begriffe ist abhängig von den grundlegenden Perspektiven, die auf den Betrieb geworfen werden.

Kosten werden grundsätzlich erfasst in den Kategorien:
- Fix – indirekt – gemein = pauschal anfallend und
- variabel – direkt – einzeln = einem Produkt zuzuordnen.

Manchmal wird unterschieden zwischen den
- Kosten der Leistungsbereitstellung und den
- Kosten der Leistungserstellung

und das wählen wir für die folgenden Abschnitte.
Im gemischten Doppel dieser Kategorien lässt sich die Kostenstruktur des Unternehmens vernünftig nachvollziehen.

Bereit sein – die Leistungsbereitstellung

Kosten der Leistungsbereitstellung sind in vielen Branchen um ein Vielfaches höher als die direkt durch das Produkt, den Auftraggeber etc. verursachten Kosten.

Fix und gemein

Raumkosten z.B. fallen an, ob ein Kunde kommt oder nicht.

Sehr plastisch ist das im Handel und in der Hotel- und Gastronomiebranche. Vom Preis einer Hotelübernachtung machen die Verbrauchskosten durch Wasser, Strom etc. nur einen Bruchteil aus. Auf Immobilie inkl. Innenausstattung und Personal entfallen die hauptsächlichen Kosten. Mit der Immobilie sind Kapitalkosten (Zinsen) bzw. Mieten verbunden. Das „bereitgestellte" Personal – Rezeptionisten, Housekeeping, Kofferträger, Kaltmamsell etc. – bekommt auch dann Lohn, wenn die Gäste ausbleiben. Diese Kosten sind (relativ) unveränderbar, also fix.

Fixkosten tauchen meist im Kontext der Bereitstellung auf. Eine etwas andere Sichtweise auf diese Form der Kostenentstehung stellt in den Vordergrund, dass diese Bereitstellungskosten nicht vom Einzelnen zu tragen sind, sondern im Grund auf alle Kunden gemeinsam umgelegt werden. Analog dazu wird von Gemeinkosten statt Fixkosten gesprochen.
Der dritte Fokus klassifiziert danach, dass die Kosten nicht direkt durch den Kunden, die Leistung oder das Produkt entstehen, sondern verdeckt, indirekt. So findet man auch den Begriff der indirekten Kosten in den Lehrbüchern.
Für welche Art der Bezeichnung und der Kostenrechnung Sie sich entscheiden, ist weniger wichtig als die Erkenntnis, dass es Kosten gibt, die mit der Realisierung des Planvorhabens entstehen und kontinuierlich weiterlaufen. Unabhängig davon, ob Ihre Leistungen vom Kunden gekauft werden.

Existenzgründer/innen sollten unbedingt darauf achten, die Bereitstellungskosten so gering wie möglich zu halten. Ein typischer Anfängerfehler ist es, die Infrastruktur überzubetonen.

Insbesondere Personalkosten stellen einen immensen Kostenblock dar. Klassische Arbeitsverträge sind nach geraumer Zeit kaum kündbar – und schon sind die Personalkosten fix. Vorsicht ist angesagt. Versuchen Sie, Personalkosten flexibel zu gestalten (Freiberufler einbinden – aber schließen Sie sich mit einem Rechtsanwalt kurz, um Scheinselbstständigkeit auszuschließen). Weitere Alternativen sind der Einsatz von Leiharbeitern oder die Befristung von Arbeitsverträgen.

> Viele Jungunternehmer setzen am Karrierestart auf flexible Netzwerke, auf strategische Partner oder Subunternehmer.

Auch hier ist ein gutes Vertragswerk empfehlenswert, um nicht im Nachgang, wenn Partner sich selbstständig machen, unangenehme Folgekosten zu haben.

Wer leistet, kostet – die Leistungserstellung

Der zweite große Kostenblock hängt direkt mit dem konkreten Auftrag zusammen.

> Beispiel: Ein Friseur hat „freiberufliche" Mitarbeiter und beschäftigt eine Rezeptionistin, die Termine für die gesamte Mannschaft macht. Das Gehalt dieser Dame, die Miete und die Einrichtung verursachen Bereitstellungskosten. Der „freiberufliche" Meisterfriseur erhält eine „Kopfprämie", er wird pro Frisur entlohnt. Leistungsabhängige Kosten produziert er, weil er für Haarwäsche Wasser und Shampoo verbraucht. Sie fallen nur bei tatsächlicher Leistung an, ihre Höhe ist abhängig von der „Ausbringungsmenge".

Im Gegensatz zu den fixen Kosten sind diese Kosten variabel.

Ein Rahmen für die Kosten

Fixe und variable Kosten werden buchhalterisch in Konten erfasst. Die Gruppierung der Konten lässt sich variieren. Ihr Steuerberater kann für Ihren Betrieb passende Akzente setzen. Strukturell gibt es Gemeinsamkeiten.
Daran haben wir uns hier mit dem Beispiel eines Konten- und Kostenplans orientiert. In der Feingliederung ergeben sich für Produktions- und Handelsbetriebe natürlich Unterschiede:

Beispiel eines grundlegenden Kostenartenplans

- Aufwendungen für Roh-, Hilfs- und Betriebsstoffe
- Aufwendungen für bezogene Leistungen (Fremdleistungen)
- Löhne und Gehälter
- soziale Abgaben, Aufwendungen für Altersversorgung und Unterstützung der Mitarbeiter
- Abschreibungen
- Sonstige betriebliche Aufwendungen:
  - Raumkosten
  - Betriebliche Steuern
  - Versicherungen und Beiträge
  - Kfz-Kosten
  - Werbe- und Reisekosten
  - Kosten der Warenabgabe
  - Reparaturen und Instandhaltung
- Zinsen und ähnliche Aufwendungen

Personalkosten gehören in diese Kostenübersicht und sind darin als Löhne/Gehälter und soziale Abgaben verzeichnet. Wir stellen sie im Weiteren in einen eigenen Kostenblock, weil ihre Kostenstruktur recht komplex ist und vor allem in den meisten Betrieben, ganz besonders den dienstleistungsorientierten, einen immensen Faktor ausmacht.

Alle Abrechnungen, die Sie von Geschäftspartnern erhalten, werden in dem an ihren Betrieb angepassten Kontenrahmen gebucht. Sie gelten als Beleg für „Kosten", bzw. Ihre Ausgangsrechnungen gelten als Erlöse. Nur wenn die Kosten dauerhaft und richtig erfasst werden, ist eine immer präzisere Kalkulation möglich. Ein heikler Job. Aber nur bei bester Präzision lässt sich das Unternehmen nach Zielen und Zahlen steuern, nur dann ist Controlling möglich, mit dem bei Planabweichungen sofort gegengesteuert werden kann. Letztlich wird nur der am Markt bestehen, der weiß, wo seine Kosten liegen und wie sie sich entwickeln.

Buchhaltung – Ein Exkurs

Gründervisionen sehen sie nicht vor – die Buchhaltung. Und die Businesspläne schweigen sich dazu aus. Das hat Zeit und irgendwie werden wir das schon schaffen..., so die Argumentation. Buchhaltung ist vom Gesetzgeber vorgeschrieben. Sie ist Ausdruck einer ordnungsgemäßen Geschäftsführung und Grundlage jeglichen Controllings. Das mit der Zeit ist so eine Sache: Wenn falsche Steuerschätzungen zu saftigen Nachzahlungen führen, wenn der Jahresabschluss im Herbst noch nicht vorliegt, kostet das Nerven und Ansehen bei Ihrem Kapitalgeber.

Die Aufgabe an ein professionelles (Buchhaltungs- /Steuer-) Büro zu vergeben oder eine kompetente 400-Euro-Kraft zu beschäftigen, ist eine Überlegung, die Sie mit einem erfahrenen Berater diskutieren sollten. Aber auch wenn Sie sich für eine Steuerkanzlei entscheiden, den Prozess quasi „outgesourct" haben, dürfen Sie nie die Kontrolle über diese Abläufe verlieren. Sie sind Basis für ein funktionierendes Chefinfosystem. (Siehe Kapital 6)

Kosten, Kalkulation und Preis

Den Kosten stehen Erlöse gegenüber. Deren Höhe ergibt sich durch den Preis des Produktes, der Leistung, die Sie erbringen, und durch die Menge der umgesetzten Produkte. Wie Sie diesen Umsatz (bzw. den zugrunde liegenden Absatz) schaffen wollen, ist im Absatz- und Umsatzplan zu dokumentieren. Die Aufsummierung der Kosten, die den Erlösen gegenüberzustellen sind, muss Ihnen die Buchhaltung liefern.

> Erlöse und Kosten müssen in der Summe regelmäßig verfolgt werden, damit am Ende des Geschäftsjahres der Jahresabschluss (Gewinn- und Verlustrechnung) keine unangenehme Überraschung wird.

Mit der Kostenrechnung wird ein weiterer Zweck verfolgt, die Preisbestimmung: Welchen Preis brauchen wir, um mindestens die variablen und einen möglichst großen Teil der fixen Kosten zu decken? Um darauf eine wirtschaftlich sinnvolle Antwort geben zu können, wird kalkuliert. Lehrbücher verkürzen Kalkulation oft auf „Berechnen des Verkaufspreises“, aber das wird der Praxis nicht gerecht. Selten wird sich ergeben, dass Sie ein Produkt teurer als zum kalkulierten Preis verkaufen können, häufiger stellt sich die Frage: Was tun Sie, wenn der Kunde weniger zu bezahlen gewillt ist, als Sie berechnet haben? Ablehnen? Zur Konkurrenz schicken? Drauflegen? Nein, zuvor noch einmal unter anderem Blickwinkel kalkulieren!

> Wir ermitteln mit der Kalkulation einen Ziel- oder Planpreis. Anhand dieser „Größe“ stellen wir fest, ob und wenn ja, um wie viel der momentane Marktpreis niedriger oder höher ist als der von uns errechnete Wert.

Denn der Marktpreis hängt einerseits von der Einschätzung der Nachfrager, andererseits vom Angebot der Wettbewerber ab.

> Existenzgründer/innen müssen das grundlegende Handwerkszeug der Kalkulation, die wesentlichen Kalkulationsverfahren beherrschen.

Auch das können wir Ihnen – ähnlich wie beim Marketing – natürlich nicht im Rahmen eines so kompakten Bandes über den Businessplan vermitteln. In der Reihe Pocket Business erscheint ein Band über „Kalkulation“, mit dem Sie den nachfolgenden, sehr kompakten Überblick vertiefen können.

Grundsätze der Kalkulation

In der Praxis werden zwei grundlegende Kalkulationsformen unterschieden:

- Vollkostenrechnung (Zuschlagskalkulation, Aufschlag-/Spannenberechnung) und
- Teilkostenrechnung (Plankosten- oder Deckungsbeitragsrechnung)

Überlegung der Kostenrechnung ist, dass jedes Produkt, jede Leistung alle Kosten trägt, die für seinen „Wertschöpfungsprozess" angefallen sind. „Alle Kosten gehören in den Preis!" Da diese Kosten nicht im Voraus bekannt und vor allem umsatzabhängig sind, rechnet man mit „geplanten" Werten. Zukunftsorientierte Betrachtung anfallender Kosten und erwarteter Umsätze sind zwangsläufig mit Unsicherheiten behaftet. Auch genau kalkulierte Beträge sind nur Annäherungswerte. Die Kalkulation hat also zwei unsichere Dimensionen:

- die (geplanten) Kosten und
- der (geplante) Umsatz.

Beide Größen müssen dem Kalkulator bekannt sein bzw. ermittelt werden. „Wer vorher rechnet, muss zweimal rechnen" – dieser uralte Spruch der Kaufleute wird Ihnen nicht erspart bleiben. Denn im Vorfeld wird die (Vor-)Kalkulation auf den (Plan-)Kosten/Erlösen aufgebaut und die Nachkalkulation auf den (Ist-) Kosten/Erlösen. In harten Zeiten wie heute gilt es in umkämpften Märkten dreimal, am besten immer, zu rechnen.

Prinzip der Zuschlagskalkulation

Das traditionellste Verfahren ist die Zuschlagskalkulation. Man ermittelt sämtliche Kosten der Leistungserstellung für ein Produkt (also die variablen Kosten) und addiert sie auf (daher Vollkostenrechnung). Den Preis unter dem Betrag dieser Summe festzusetzen bedeutet auf jeden Fall Geld zuzuschießen.
Die Bereitstellungskosten (fixe Kosten) werden getrennt betrachtet. Deren Summe rechnet man in einen Prozentsatz um, der auf die variablen Kosten aufgeschlagen werden muss, damit das Produkt – entsprechend anteilig – seinen Beitrag zu den fixen Kosten liefert (daher Zuschlagskalkulation). Im „entsprechend anteilig" steckt der Knackpunkt: Hier ist festzulegen, ob man alle variablen Kosten oder zum Beispiel die größten Positionen (beispielsweise Personalkosten oder Materialkosten) als Verteilungsbasis heranzieht. Die Berechnung der Gemeinkostenzuschläge ist ein umfassendes Thema und Sie sollten sich, siehe oben, damit näher befassen.

Die Bereitstellung von „Vergangenheitsdaten“ für die (Vor-) Kalkulation führt in produzierenden Betrieben ab einer gewissen Größenordnung dazu, mit so genannten Betriebsabrechnungsbögen zur Kostenerfasssung zu arbeiten und für den Einsatz von Maschinen Maschinenstundensatzzuschläge zu berechnen. Im Handel ist es beispielsweise üblich, die Zuschlagskalkulation in eine Rückwärtskalkulation umzuformen, mit der man von einem marktfähigen Verkaufspreis auf den maximalen Einkaufspreis zurückschließen kann.

Deckungsbeitragsrechnung

Die Deckungsbeitragsrechnung arbeitet mit den direkten und den indirekten Kosten. Das Verfahren wird sowohl auf die Berechnung einzelner Preise als auch als Periodenrechnung für das Gesamtunternehmen eingesetzt. Zur Preisfindung wird unterstellt, dass diese eine Frage des Marketings, der Preispolitik ist und durch Wettbewerbsangebote vorgegeben wird. In der Theorie ist das Prinzip recht einfach:

> Jedem Produkt, jeder Leistung oder jedem Projekt werden die tatsächlich zurechenbaren (direkten) Kosten zugeordnet. Sie werden vom Erlös abgezogen. Der überschießende Betrag ist der „Deckungsbeitrag“, der zur Abdeckung der (insgesamt ermittelten) indirekten Kosten dient.

Das unternehmerische Geschick besteht darin zu entscheiden, ab welchem Deckungsgrad ein Preis akzeptiert, ein Auftrag angenommen wird etc. Denn der Kalkulator hat entsprechend alle indirekten (Bereitstellungs-)Kosten für das Jahr zu planen. Nach jedem Auftrag, jedem verkauften Produkt, jeder erbrachten Leistung ist der Deckungsbeitrag zu ermitteln und von diesen (fixen) Bereitstellungskosten abzuziehen. Es verbleibt jeweils ein noch nicht (ab-)gedeckter Betrag, der reduziert wird, wenn weitere Erlöse mit positivem Deckungsbeitrag eingefahren werden können. Allerdings wird am Jahresende ein Restbetrag als Jahresverlust auftreten, wenn die Einzelpositionen nicht im „Mittel“ über der Deckung liegen.

Fallbeispiel Folge 2 a

Personalkostenplanung konkret

Wir beziehen uns wieder auf unser Musterunternehmen von Seite 44. Zahlreiche Existenzgründungen verlaufen in deutlich kleinerem Rahmen, aber wir möchten hier sehr konkret das Prinzip einer Personalplanung vorführen. Das unten abgedruckte Schema hat sich in Beratung und Praxis als Planungsinstrument bewährt, das analog in einen Businessplan passt.

Personalplanung — **Firma Atlas Reisen**

Name		E. Käppner	S. Käppner	J. Mauermann	S. Fuchs	Y. Mu
Kalendertage		365	365	365	274	36
Samstage/Sonntage		104	104	104	78	10
Urlaub	24	24	24	24	18	2
Krankheit	10	10	10	10	8	1
Feiertage	11	11	11	11	8	1
Schlechtwettertage						
Lohnausgleichstage						
freie Tage	1	1	1	1	1	
Anwesenheitstage		215	215	215	161	21
Stunden pro Tag	8,0	8,0	8,0	8,0	8,0	8
unproduktive Zeiten pro Tag						
Überstunden pro Monat (Durchschnitt)						
produktive Stunden p.a.		**1.720,00**	**1.720,00**	**1.720,00**	**1.290,00**	**1.720,**
Festbezüge in Euro (z.B Gehalt, Prämien)		5.000,00	2.500,00	2.200,00	1.950,00	550,
Stundenlohn						
Monatsstunden (Normalstunden)						
Monate		12	12	12	9	1
Überstundenlohn (Zuschlag) =	25%					
Jahresarbeitslohn		60.000,00	30.000,00	26.400,00	17.550,00	6.600,
in % vom Monatgehalt/-lohn (Festbezüge)		50%	50%	50%	38%	50
Weihnachtsgeld		2.500,00	1.250,00	1.100,00	731,25	275,
in % vom Monatgehalt/-lohn (Festbezüge)		50%	50%	50%	38%	50
Urlaubsgeld		2.500,00	1.250,00	1.100,00	731,25	275,
Vermögenswirksame Leistungen						
Bruttojahresarbeitslohn		**65.000,00**	**32.500,00**	**28.600,00**	**19.012,50**	**7.150,**
Arbeitgeberanteil	20,6%	S	6.678,75	5.877,30	3.907,07	1.469,
Berufsgenossenschaft	1,6%					
Summe AG-Anteil			**6.678,75**	**5.877,30**	**3.907,07**	**1.469,**
Direktversicherung						
Sonstiges pauschversteuert						
Pauschsteuer	30,0%					
Auslöse						
Sonstiges						
gesamte Jahreslohnkosten		**65.000,00**	**39.178,75**	**34.477,30**	**22.919,57**	**8.619,**

Im Businessplan gilt es, über das Zahlengerüst hinaus

- die geplanten Personalkapazitäten plausibel zu machen,
- die Qualifikation der einzustellenden Mitarbeiter zu begründen und
- die konkreten Vergütungsansätze zu erklären.

Nicht jede/r Gründer/in wird schon eine Personalliste präsentieren können, wie sie auf der folgenden Seite für unser Musterunternehmen abgedruckt ist. Zu wissen, mit wem man zusammenarbeiten kann, und Zusagen zu haben, ist aber in jedem Fall ein deutliches Plus.

Gründungsdatum 1. Januar 2009

inke	Kretzschmar	K.-H. Müller	C. Hoffmann	H. van Veen	H. Hess	M. Abend	B. Music	A. Murat
365	152	304	304	274	183	122	365	365
104	43	87	87	78	52	35	104	104
24	10	20	20	18	12	8	24	24
10	4	8	8	8	5	3	10	10
11	5	9	9	8	6	4	11	11
1	0	1	1	1	1	0	1	1
215	90	179	179	161	108	72	215	215
8,0	8,0	8,0	8,0	8,0	8,0	8,0	8,0	8,0
,00	**716,67**	**1.433,33**	**1.433,33**	**1.290,00**	**860,00**	**573,33**	**1.720,00**	**1.720,00**
,00	440,00	3.550,00	3.000,00	3.000,00	2.700,00	2.200,00		
12	5	10	10	9	6	4	12	12
,00	2.200,00	35.500,00	30.000,00	27.000,00	16.200,00	8.800,00		
50%	25%	45%	45%	38%	25%	15%		50%
,50	110,00	1.597,50	1.350,00	1.140,00	675,00	330,00		
50%		45%	45%	38%	25%			50%
,50		1.597,50	1.350,00	1.140,00	675,00			
,00	**2.310,00**	**38.695,00**	**32.700,00**	**29.280,00**	**17.550,00**	**9.130,00**		
,39	474,71	7.951,82	6.719,85	6.017,04	3.606,53	1.876,22		
,39	**474,71**	**7.951,82**	**6.719,85**	**6.017,04**	**3.606,53**	**1.876,22**		
							330,00	330,00
							75,90	75,90
		6.000,00	11.350,00	10.200,00	5.500,00	1.200,00		
,39	**2.784,71**	**52.646,82**	**50.769,85**	**45.497,04**	**26.656,53**	**12.206,22**	**405,90**	**405,90**

Personalliste des Musterunternehmens

- Die Gründer rechnen sich wie folgt ein: Herr Käppner, gelernter Kfz-Meister und ausgebildeter Berufskraftfahrer, geht von seinem Gehalt in seiner letzten Position als Disponent einer Spedition aus. Er muss sich nun als Selbstständiger selbst versichern und rechnet sein Geschäftsführergehalt auf 5.000 € hoch.
  Frau Käppner, praktische Betriebswirtin, hat nach ihrem Abitur Reiseverkehrskauffrau gelernt. Bei ihr wurde das letzte Gehalt aus der früheren Firma angesetzt.
- Frau Mauermann, Frau Fuchs: ausgebildete Reiseverkehrskauffrauen mit mehreren Berufsjahren. Die angesetzten Gehälter liegen etwas über dem ortsüblichen Durchschnitt, damit sind auch evtl. anfallende Überstunden vergütet und es ist gewährleistet, dass mindestens eine ausgebildete Kraft in jedem Reisebüro anwesend ist.
- Frau Mura, Frau Heincke, Frau Kretzschmar: Azubis mit Abitur und guten Fremdsprachenkenntnissen.
- Herr Müller: Kfz-Meister, Spezialgebiet mobile Klima- und Kühlgeräte. Bei fehlender Werkstattauslastung und nicht notwendigem Einsatz als Fahrer kann diese Leistung als Zusatzservice für umliegende Speditionen oder Aggregatniederlassungen angeboten werden.
- Herr Hoffmann, Herr van Veen: klassische Fernreisebusfahrer, Ausbildung zum Kfz-Gesellen. Für 2009/2010 wurde vereinbart, dass sie auch Linienfahrten übernehmen.
- Herr Hess: junger Kfz-Meister, der die Welt kennen lernen will. Er arbeitet im Sommer mit und kehrt von November bis April in die Werkstatt seines Vaters zurück.
- Herr Abend: Er hat Fahrpraxis und heuert als klassischer Linienfahrer an. Gelegentlich wird er im Ausflugsverkehr unterwegs sein und in Notfällen übernimmt er auch Fernreisen.
- Die beiden Damen Music und Mura sind für die Reinigung von Büro und Werkstatt sowie für die Sauberkeit neu auslaufender Omnibusse verantwortlich.

Fallbeispiel Folge 2 b

Kostenplanung konkret

Miete

Miete: Vorverträge für die beiden Reisebüros, Nebenkosten durch vorsichtig nach oben aufgerundete Vergleichsdaten.

Versicherungen/Beiträge

Versicherungen wurden mit der Maklergesellschaft ermittelt. Die Beträge entsprechen dem vorliegenden Angebot. Als Beiträge wurden die IHK und der Omnibusverband eingeplant.

Besondere Kosten

Hier finden sich die neuralgischen Bereiche für die Rendite des Omnibusverkehrs: Treibstoff nach geplanter km-Leistung, Umsatzplanung und durchschnittlicher Verbrauch (Annahme 35 l/100 km); als Dieselpreis aktueller deutscher Wert 1,10 € (netto) (85 c) – evtl. Erhöhungen (Ökosteuer) dadurch abfangen, dass die Fernreisebusse angewiesen sind, im billigeren Ausland (Italien/Dänemark), aber insbesondere Österreich zu tanken. Fahrleistung von 45.000 km für einen neuen Satz Reifen; Verbrauchsteile Werkstatt nach Erfahrung von Herrn Müller.

Kfz-Kosten

Steuern lt. Abgabenordnung; Versicherungen via Maklervorvertrag verbindlich angeboten; laufende Betriebskosten, insbesondere über die Verbrauchsteile (Öle, Beläge etc.), nach den Angaben der Hersteller plus Sicherheitsaufschlag 10 %.

Werbekosten

Eigene Reisen und Reisebüros: Mit der örtlichen Presse wurde eine Anzeigenkampagne – von der Eröffnungswerbung bis zur Silvesterreise – abgesprochen. Es wurde mit dem Marktführer und zwei Anzeigenblättern ein Angebot erarbeitet.

Neben Internetausschreibungen sollen für eigene Reisen und/oder für Sonderaktionen im Reisebüro „Flyer" erstellt werden. Frau Mura hat Praktika in Werbeagenturen absolviert. Dort wurde auch recherchiert. Die Flyer werden selbst erstellt.
Der Kataloganteil ist bekannt und wird durch die großen Anbieter (wie TUI, DER, LH usw.) als Umlage vorgegeben. Der Schlüssel aus 2009 wurde großzügig nach oben aufgerundet.

Kosten der Warenabgabe

Skonti auf die eigenen Reisen (bei Vorauszahlung mit Reiserücktrittsversicherung), Annahme 2 % vom Gesamtumsatz.

Reparatur- und Instandhaltungskosten

Keine Vergleichswerte vorhanden, aber da Neubau, wird von Gewährleistungsfristen nach BGB ausgegangen, deshalb nur 14 T€ als Puffer für Eventualitäten eingestellt.

Sonstige Kosten

Bürobedarf: Anhand des vorherigen Arbeitsplatzes von Frau Käppner ermittelt, mit Benchmarks des Verbandes abgeglichen und vorsichtig mit 10 % Aufschlag kalkuliert.
Abschlusskosten: Durch Steuerberater G. mit unter 3.000 € angegeben; Buchhaltung durch eigene Mitarbeiter; allerdings wird auf einer Unternummer des Steuerberaters in das DATEV-System gebucht. Laufende Steuerberatung: 2.000 €.
Vor Beginn des Planvorhabens wurde in der konzeptionellen Phase die Unternehmensberatung BUS München eingeschaltet. In der Anlaufphase (ersten zwei Jahre) wird ein Betreuungsangebot (knapp 5.500 €) angenommen.
30 T€ sind für Anwaltskosten (Auseinandersetzungen mit Bauhandwerkern, Versicherungen und säumigen Kunden).

Abschreibung / Zinsen

AfA nach Anschaffungen, die im Investitionsplan (siehe später dort) detailliert angegeben sind. Die Gesamtfinanzierung ergibt sich aus der Investitions- und Finanzierungsübersicht.

Kostenplanung

Firma: Atlas Reisen **Gründungsdatum1. Januar 2009**

Positionen der Summen-Salden-Liste			Gründungsjahr SUSA in TEuro	in %	2010 in TEuro	in %	2011 in TEuro	in %
Gesamtleistung ist 100 %								
Personalkosten				**369,3**	**23,1 %**	**460,0**	**19,1 %**	**483,0**
Konto		laufende Personalkosten	343,3	21,4 %	460,0	19,1 %	483,0	19,1 %
Konto		Weihnachtsgeld (incl. AG-Anteil)	13,3	0,8 %				
Konto		Urlaubsgeld (inkl. AG-Anteil)	12,7	0,8 %				
Raumkosten				**46,0**	**2,9 %**	**48,0**	**2,0 %**	**50,0**
Konto	4100	Miete Reisebüros	33,0	2,1 %	48,0	2,0 %	50,0	2,0 %
Konto	4110	Nebenkosten	8,3	0,5 %				
Konto	4120	Reinigung/Instandhaltung	4,6	0,3 %				
Betriebliche Steuern								
Konto								
Konto								
Konto								
Versicherungen/Beiträge					**19,7**	**1,2 %**	**21,0**	**0,9 %**
Konto	4310	Versicherungen	15,3	1,0 %	21,0	0,9 %	22,5	0,9 %
Konto	4320	Beiträge	3,2	0,2 %				
Konto	4330	sonst. Abgaben	1,2	0,1 %				
Besondere Kosten					**198,0**	**12,4 %**	**218,0**	**9,1 %**
Konto	4540	Treibstoffkosten	82,0	5,1 %	218,0	9,1 %	240,0	9,5 %
Konto	4560	Reifen	71,0	4,4 %				
Konto	4570	Kleinteile - Werkstatt	45,0	2,8 %				
Kfz.-Kosten (inkl. Kfz.-St)					**112,8**	**7,0 %**	**118,5**	**4,9 %**
Konto	4510	Kfz.-Steuer	5,6	0,3 %	118,5	4,9 %	125,0	4,9 %
Konto	4520	Kfz.-Versicherung	36,2	2,3 %				
Konto	4530	laufende Betriebskosten	71,0	4,4 %				
Werbe-/Reisekosten					**57,0**	**3,6 %**	**62,0**	**2,6 %**
Konto	4610	Anzeigen/Prospekte/Kataloge	42,0	2,6 %	62,0	2,6 %	68,0	2,7 %
Konto	4620	Bewirtung/Repräsentation	10,0	0,6 %				
Konto	4630	AN-Reisekosten	5,0	0,3 %				
Kosten Warenabgabe					**6,8**	**0,4 %**	**22,0**	**0,9 %**
Konto	4720	Boni, Skonti	6,8	0,4 %	22,0	0,9 %	24,0	0,9 %
Konto								
Konto								
Reparatur/Instandhaltung					**14,4**	**0,9 %**	**21,0**	**0,9 %**
Konto	4810	Haus- und Grundbesitz	4,8	0,3 %	21,0	0,9 %	23,0	0,9 %
Konto	4820	Anlagen & Maschinen	6,0	0,4 %				
Konto	4830	Betriebs- & Geschäftsausstattung	3,6	0,2 %				
Sonstige Kosten				**75,8**	**4,7 %**	**81,0**	**3,4 %**	**85,0**
Konto	4910	Bürobedarf, incl. Porto/Telefon/I-net	33,8	2,1 %	81,0	3,4 %	85,0	3,4 %
Konto	4920	Rechts-, Beratungs- & Abschlusskosten	42,0	2,6 %				
Konto								
Zinsen			**84,8**	**5,3 %**	**108,6**	**4,5 %**	**98,1**	**3,9 %**
Konto		Zinsen langfristig laut Kreditplanung	79,3	5,0 %	103,1	4,3 %	92,6	3,7 %
Konto		Zinsen kurzfristig	5,5	0,3 %	5,5	0,2 %	5,5	0,2 %
Konto		sonst. Zinsen						
Konto		Zinsen kurzfristig (automatische Berechnung)						
Abschreibungen				**206,3**	**12,9 %**	**331,3**	**13,8 %**	**352,6**
Konto		Sachanlagevermögen laut AFA Planung	206,3	12,9 %	331,3	13,8 %	352,6	13,9 %
Konto								
Konto								
kalkulatorische Kosten								
Konto		kalk. Unternehmerlohn produktiv						
Konto		kalk. Unternehmerlohn sonst						
Konto		kalk. Miete						
Konto		kalk. Eigenkapitalzins						
Summe der Kosten			**1.190,8**	**74,4 %**	**1.491,5**	**62,0 %**	**1.571,2**	**62,0 %**

3.6 Finanzierung – Wer soll was bezahlen?

Grundlegendes zur Finanzierung

Es wurde schon erwähnt: Über die Hälfte der Existenzgründer scheitern an Finanzierungsproblemen und die meisten davon in den ersten beiden Jahren. Finanzierungsmängel führen mit 69 % die Liste der Insolvenzgründe bestehender Betriebe an.
Dass Kapitalbeschaffung fundamental ist, haben wir mehrfach betont (ohne Moos nix los). Auch die Frage, ob es wirklich Sinn macht, Kapital in Ihr Planvorhaben zu stecken, darf Sie Ihr gesamtes Unternehmerleben beschäftigen. Unternehmen führen, Verantwortung und Risiko für das von Ihnen eingesetzte Kapital zu tragen, sollte durch angemessene Gewinne (Kapitalrendite) belohnt werden, und zwar zusätzlich zu einem adäquaten Geschäftsführergehalt. Wer das eingesetzte Kapital nicht vermehrt, hätte es besser und weniger nervenaufreibend bei der Bank anlegen können.
Das Ziel zu verfolgen, Gewinn zu erwirtschaften, ist keineswegs unehrenhaft – sofern es nicht rigoros und auf Kosten der Umwelt bzw. dem Umfeld angewandt wird. Leider werden Sie als Unternehmer auch heute noch sehr oft mit dem Bild angefeindet, rücksichtslos zu sein, und vielleicht gehören Sie zu den „inhaltlich" motivierten Gründern mit Berührungsängsten zum „Geldverdienen". Zeit zum Umdenken!
Reine Gewinnerhöhung, bloßes Kapital scheffeln ist keine unternehmerische Vision, sondern maximale Zielvorgabe für reine Manager. Tatsächlich verfolgen moderne Unternehmer andere Werte, die sie mit und in ihrem Unternehmen verwirklichen wollen (z.B. einen Traum Wirklichkeit werden lassen, ein Hobby zum einträglichen Beruf machen). Das lohnt auch, wenn das Geld nicht aus dicken Rohren sprudelt. Unterm Strich sollte Ihr Unternehmerleben allerdings nicht zum Luxusprodukt werden… (für das Sie womöglich noch zuzahlen). Wenn Sie versuchen, solche Ziele durch optimierte Finanzierung in den Griff zu bekommen, ist das mehr als legitim. Den-

ken Sie ganz bewusst über solche Aspekte des Unternehmerseins nach, denn bald werden Sie zu diesem Unternehmerkreis gehören, auf der „anderen Seite“ stehen.
Wenn Sie nicht profitabel wirtschaften, können Sie weder Menschen einstellen noch ausbilden, was aber unbedingt zum Mittelstand gehört. Der funktioniert nur, wenn Leistung, Verantwortung und Risiko belohnt werden dürfen. Unterm Strich schaffen diese Unternehmen die materielle Plattform für diejenigen, die ihr Geld nicht als Unternehmer verdienen wollen und können.

> Um das zu erreichen, ist es zwingend notwendig, sich mit Fragen der Finanzierung intensiv auseinanderzusetzen.

Denn auf diesem Gebiet wird nicht nur die Startbahn für Ihr Unternehmen gelegt, hier wird ganz schnell Kapital vernichtet, viel schneller, als Sie es auf der Baustelle oder im Büro oder mit einem ganz tollen Auftrag verdienen können.
Kapitalgeber haben für die materiellen Belange Ihres Unternehmerdaseins großes Verständnis. Schließlich sind deren Grundfragen, um nicht zu sagen deren Grundmotivationen, schnell auf materielle Nenner gebracht:

> Wie hoch ist die Verzinsung meines eingesetzten Kapitals (Rendite) und wann erhalte ich mein eingesetztes Geld/Kapital wieder zurück?

Gelingt das nicht, verschwindet das Kapital und geht dahin, wo es sicherer und rentabler eingesetzt werden kann. Ganz legal. Es ist an Ihnen zu beweisen, dass bei Ihnen das Geld gut angelegt ist.

Vertrauensbildende Maßnahmen

Ihre Unternehmerpersönlichkeit und die Plausibilität Ihres Konzeptes in Form des Businessplans und die Potenziale des Marktes sind der Nährboden, um dieses Vertrauen zu begründen und wachsen zu lassen.
Es kann weiter wachsen, wenn Sie die Strukturen der Denkwelt der Finanzierung und ihre Spielregeln bei Ihrer Darstellung und Argumentation berücksichtigen.

Was soll konkret finanziert werden?

Im Kern geht es um zwei Finanzierungsbedarfe:

1. Investitionen
   Sie sind meist langfristig, zu Beginn steht eine (größere) Auszahlung, die sich erst über die Zeit amortisiert. Entsprechend sind sie langfristig zu finanzieren. Damit befasst sich Abschnitt 3.7. Woher das Geld kommen kann, die Kapitalbeschaffung, ist Gegenstand von Abschnitt 3.8.
2. Betriebsmittelbedarf (Liquidität)
   Damit werden Material und Löhne so weit vorfinanziert, bis der Kunde die Rechnung bezahlt. Dies ist kurzfristig zu finanzieren und wird in Abschnitt 3.9 behandelt. Der kurzfristige Bedarf entsteht eher punktuell und dessen Finanzierung ist signifikant weniger riskant. Wie immer gibt es auch hier eine Ausnahme, es ist die magische Grenze.

Die magische Grenze: 50.000 Euro

Liegt Ihr Finanzierungsvolumen mittelfristig unter 50.000 €, können Sie über Ihre Hausbank das so genannte „Startgeld" beantragen. Selbstverständlich müssen Sie auch in diesem Fall einen professionellen Businessplan vorlegen. Aber die Banken sind bei der Beantragung dieser Gelder eher großzügig, weil der Staat 80 % des ausgeliehenen bzw. ausgereichten Betrages absichert. Das Risiko für die Fremdkapitalgeber beschränkt sich auf max. 10.000 €. Dieser Restbetrag wird oft zusätzlich durch den Abschluss diverser Versicherungen, Bauspar- und Ratensparverträge und die damit verbundenen Provisionen im Risiko gemildert und damit überschau- und kalkulierbar.

Auf gar keinen Fall sollten Sie Ihren Finanzplan auf Biegen und Brechen unter dieser magischen Zahl halten.

Sie haben dann relativ problemlos Startkapital bekommen, aber jeder Euro, der nachgelegt werden muss, unterliegt knallharten Vergabekriterien. Wir können Ihnen aus Erfahrung versichern, dass sich Banken durch Ihr Vorpreschen – „Ich hab ja nun schon was aufgebaut" – nicht beeindrucken lassen. Bevor ein Banker 5.000 € zusätzlich gibt, wird er eher die ursprünglichen 10.000 € aus dem Startgeld abschreiben. Auch wenn Sie tatsächlich unter der Start-Geld-Grenze liegen und auf absehbare Zeit keine weiteren Kreditbedürfnisse haben, sollten Sie gerade dieses Kapitel intensiv studieren. Schon allein, um den Vorteil nicht aus der Hand zu geben, dass Sie sich ohne Not auf die Erwartungen der Kapitalgeber einstellen und entsprechend reagieren können. So halten Sie das Heft des Handelns in der Hand, eine zutiefst unternehmerische Position.

3.7 Investitionsplanung

Was sind Investitionen?

Ein Unternehmen ist im Grunde nichts anderes als die Summe seiner Investitionen. Unternehmen, die nicht investieren, keine Mittel einsetzen, werden irgendwann keine Ziele mehr erreichen. Wer nicht investiert, verschwindet vom Markt.

> Investitionen sind in wirtschaftliches Handeln umgesetzte Strategien.

Sie sind der Nährboden, auf dem der geplante Erfolg des Unternehmens wachsen kann, und zwangsläufig mit Auszahlungen verbunden. Nur: Nicht jede Ausgabe ist eine Invcstition.

Wird aus der Not heraus schnell mal eine Anzeige geschaltet, ein (unbrauchbarer) Mitarbeiter eingestellt, eine nicht ausgelastete Maschine gekauft, werden ganz bestimmt Kosten produziert. Investitionen sind das nicht.

Investitionen zeichnen sich dadurch aus, dass sie einen finanziellen Rücklauf haben, der höher ist als der materielle Einsatz. Wer eine sinnvolle Investitionsentscheidung treffen will, muss also genau rechnen. Berechnungsgrundlagen sind die Auszahlungsströme zu Beginn, denen über den Planungszeitraum hinweg Einzahlungen gegenüberstehen. Addiert man dann noch die Zinsen, die durch die Aktion anfallen, zeigt sich, ob sich die Investition „rechnet“, d.h. amortisiert.

Bei Investitionen sprechen die Fachleute nicht von Kosten, sondern von Aufwendungen (begrifflicher Unterschied).

Der zweite Unterschied: Kosten sind (nur) punktuell.

Es gibt Anschaffungskosten für Luxusgüter, die so hoch wie Investitionen sein können, aber die man letztlich „nur" um des Spaßes willen tätigt. Auch Ihre Miete sind Kosten. Sie brauchen den Platz, um arbeiten zu können, aber damit ist noch keineswegs sicher, dass Sie auch etwas für die Büronutzung zurückbekommen, denn die Miete ist nicht produktiv.

Ist die Anschaffung eine Investition, eine Auszahlung, die notwendig ist, damit Sie auch in Zukunft im Wettbewerb bestehen und entsprechend liefern können, stellt sich die Situation ganz anders dar.

Bei Investitionen wird die Gesamtsumme der Auszahlung auf den gesamtem Zeitraum der Nutzung bzw. Amortisation verteilt.

Beispiel: Bei einer Nutzungsdauer von 5 Jahren und einer Investitionssumme von 100.000 € entstehen jährliche Aufwendungen (AfA) von 20.000 € und das wird auch buchhalterisch erfasst. Es wird dann ein jährlicher Betrag von 20.000 € in der Gewinn- und Verlustrechnung des Jahresabschlusses auftauchen und ergebniswirksam sein, und zwar unter Verluste gebucht. Denn der Betrag muss ja bezahlt werden. Innerhalb der Nutzungszeit kommen dann – hoffentlich – auch entsprechende Mehreinnahmen zum Tragen, die auf der Gegenseite als Gewinne verbucht werden können.

Diese zeitliche Streckung, die Abschreibung der Investition, gibt ein realistisches Abbild des Gesamtprozesses von Aufwendungen und Einnahmen. Alles andere würde bedeuten, dass Sie im Anschaffungsjahr auf einmal 100.000 € Verlust verbuchen und in den nächsten Jahren Gewinne kassieren.

Auch und gerade weil wir schon mehrmals an Ihre Entscheidungsfreude als Unternehmer appelliert haben: In diesem Kontext warnen wir explizit vor Schnellschüssen.

Investitionen „aus der Hüfte" sind wirtschaftlich häufig problematisch.

Oft genug stellt sich heraus, dass sich die Aktion nicht rentiert und eine Menge Kosten produziert wurden.

Vor dem Hintergrund der nachweisbaren und vielfältigen Fehlinvestitionen, die Unternehmer im Lauf ihres Lebens tätigen, wollen wir das explizit betonen. Die genaue Planung Ihrer Investitionen, die permanente Prüfung, ob die Investitionsplanung noch mit Ihrer Unternehmensstrategie übereinstimmt, sind für Sie grundlegende Weichenstellungen zum Erfolg. Zeit, sich mit der Investitionsplanung zu beschäftigen.

Investitionsplanung im Überblick

In Fachkreisen hat sich eine klare Reihenfolge bei der Betrachtung von Investitionen herauskristallisiert. Wir lehnen uns an diese Vorgehensweise an und empfehlen Ihnen, das bei Ihrer Darstellung im Businessplan einzuhalten.

My home is my castle? Vom Umgang mit Immobilien

Der betriebsnotwendige Haus- und Grundbesitz wird in den Vordergrund der Überlegungen gestellt, wenn in eine Gewerbeimmobilie investiert werden soll. Das trifft natürlich nur auf „größere" Gründungsvorhaben zu, aber auch dann ist Existenzgründern eher vom Neubau abzuraten. Skepsis gegenüber dem Hang, die Infrastruktur, die gesamte Umgebung auf Vordermann zu bringen, sollten Sie auch in den weiteren Jahren Ihres Unternehmerdaseins nicht aufgeben.

Denn die Immobilienproblematik steht an zweiter Stelle – nach der Finanzierung – in der Liste der Insolvenzgründe. Meist sind die Immobilien überdimensioniert und auf Wachstum in den nächsten 10 Jahren ausgerichtet. Das klappt leider nicht immer und dann kann der Kapitaldienst für diese „unproduktiven" Investitionen nicht mehr erbracht werden. Die Immobilien fressen das Kapital für die operative Geschäftstätigkeit. Und das ist der Anfang vom Ende. Vergessen Sie deshalb bei keiner Entscheidung die Grundfrage: Was bringt mir die neue Immobilie zusätzlich für mein Geschäft?

Das gilt auch und gerade für die Betriebs- und Geschäftsausstattung. Sie muss je nach Branche/Betrieb mit Blick auf die Kunden hinreichend repräsentativ sein, aber eben nicht mehr.

Machen Sie im Vorfeld einen Einrichtungsplan.

Für größere Gründungsvorhaben gilt: Ab der Größenordnung von 50.000 € rechnet sich ein Innenarchitekt mit Fachrichtung Büro- und Objekteinrichtung. Dessen Marktübersicht kann erhebliche Einsparungen bringen.

Nicht unerheblich sind auch Aufwendungen für technische Ausstattung, Maschinen, Fahrzeuge. Erfahrungsgemäß wird die Planung hier zu niedrig angesetzt. Vorwiegend deshalb, weil die zugehörige Software, Arbeitsausfälle, Schulungsbedarf (Folgeinvestitionen) nicht mit in die Planung eingerechnet wurden. Solche Folgeinvestitionen müssen kurzfristig finanziert werden und diese Mittel fehlen anderwärtig.

Marketing und Mitarbeiter

Gerne wird übersehen, dass Mittel für Marketingmaßnahmen und in die Weiterbildung von Mitarbeitern ebenfalls investiv sind. Gute Unternehmer haben erkannt, dass eine Werbeaktion oder Sponsoring nicht sofort zu messbarem Erfolg führt. Die Zeitverzögerung ist teilweise immens und sollte mit kalkuliert werden. Auch Mitarbeiter stellen Investitionen dar. Denn grundsätzlich gilt, dass ein Mitarbeiter erst nach einer gewissen Einarbeitung sinnvoll tätig werden kann. Nach dieser Zeit erst können Sie erwarten, dass er dem Unternehmen mehr Geld erwirtschaftet als er kostet. Selbst dann ist die andauernde Produktivität eines Mitarbeiters nicht ohne weitere Aufwendungen gewährleistet. Schulung, Weiterbildung, bessere Werkzeuge tragen dazu bei, die Leistung der Mitarbeiter dauerhaft zu erhöhen.

Kleiner Tipp aus der Praxis: Prioritätenskala ansetzen

Bewährt hat sich, Investitionen nach Muss – Soll – Kann zu unterteilen. Das gibt Handlungsspielraum. Laufen die Geschäfte gut, besteht Finanzierungsspielraum und Soll kann in Muss und Kann in Soll rutschen. Eine klare Gliederung in diesem Sinne beeindruckt nicht nur die Finanziers. Gliedern Sie Ihre Planung – auch optisch – entsprechend!

Fallbeispiel Folge 3

Investitionsplanung konkret

Wir führen das Fallbeispiel (Seiten 44 und 58f.) weiter fort.

Betriebsgrundstück

Es umfasst 7.200 m², liegt in direkter Bahnhofsnähe in Reinbek in einem Mischgebiet, das überwiegend gewerblich genutzt wird. (keine Belästigung von Anrainern), und ist vollkommen erschlossen. Es existiert ein direkter Anschluss an die Bundesbahn und Parkplätze sind vorhanden.

Betriebsgebäude

a) Typische Garagenhallen für Omnibusse, mit direkt angeschlossener Werkstatt (innen- und außenliegende Hebebühne sowie zwei Gruben), daneben eine Waschhalle.
b) Bürogebäude: im unteren Teil das Reisebüro, Lagerräume für Kataloge u.Ä.; im 1. Stock interne Arbeitsräume (Programmerstellung, allgemeine Verwaltung, Geschäftsführer).

Technische Anlagen und Maschinen

Darunter fällt notwendiges Gerät für die Werkstattausrüstung.

Betriebs- und Geschäftsausstattung

Das Angebot eines Büroausstatters in der entsprechenden Größenordnung liegt ebenso vor wie das eines Anbieters für Hard- und Software. Trotz eines um 4,7 % höheren Preises fiel die Entscheidung für diesen örtlichen Anbieter, weil sich dies durch vergünstigte Wartungs-/Supportpreise leicht ausgleichen lässt und eine Vereinbarung getroffen wurde, dass die Firma im Gegenzug ihre Geschäftsreisen hier buchen wird.
Als Buchungssystem liegt ein Anschluss an das allgemein in der Branche verwendete START vor.

(Zur letzten Position Fahrzeuge blättern Sie bitte auf S. 74)

Investitions- und Abschreibungsplanung im Detail

Firma: Atlas Reisen Gründungsdatum 1. Januar 2009

Betriebsgrundstücke	Datum AHK der in Euro	E = Einlage K = Kauf Anschaffung	L = Linear Status	ND	AFA Planung D = Degressiv AFA Methode	Gründungsjahr 2009
Beschreibung	in Euro	Anschaffung	Status	ND	AFA Methode	2009
Bahnhofstraße 1-7	160.000	1.6.01	k		l	
Summen	**160.000**					

Betriebsgebäude	Datum AHK der	E = Einlage K = Kauf	L = Linear		AFA Planung D = Degressiv	Gründungsjahr
Beschreibung	in Euro	Anschaffung	Status	ND	AFA Methode	2009
Omnibushalle	100.000	1.1.02	k	15	l	6.667
Waschhalle inkl. Einrichtung	80.000	1.1.02	k	10	l	8.000
Werkstatt mit Einrichtung	50.000	1.1.02	k	12	l	4.167
Büroanbau an Werkstatt	200.000	1.1.02	k	25	l	8.000
Summen	**430.000**					**26.833**

technische Ausstattung und Maschinen	Datum AHK der	E = Einlage K = Kauf	L = Linear		AFA Planung D = Degressiv	Gründungsjahr
Beschreibung	in Euro	Anschaffung	Status	ND	AFA Methode	2009
Hebebühne, Motortester, Bremsprüfstand etc.	50.000	1.1.02	k	5	l	10.000
Summen	**50.000**					**10.000**

Betriebs- und Geschäftsausstattung	Datum AHK der	E = Einlage K = Kauf	L = Linear		AFA Planung D = Degressiv	Gründungsjahr
Beschreibung	in Euro	Anschaffung	Status	ND	AFA Methode	2009
Computernetzwerk inkl. Hardware	21.000	1.1.02	k	4	l	5.250
Schreibtische, Lampen und Zubehör	8.500	1.1.02	k	6	l	1.417
Internetauftritt	12.500	1.1.02	k	4	l	3.125
Summen	**42.000**					**9.791**

Fahrzeuge soweit förderfähig

Beschreibung	Datum AHK der in Euro	Anschaffung	E = Einlage K = Kauf Status	ND	L = Linear D = Degressiv AFA Methode	AFA Planung Gründungsjahr 2009
Linien-/Reisekombi 1	265.000	8.1.02	k	8	l	33.125
Linien-/Reisekombi 1	265.000	10.4.02	k	8	l	24.844
Reisebus Setra HD	359.000	7.3.02	k	5	l	59.833
Doppelstock-Kombi	385.000	31.5.02	k	8	l	32.083
Mercedes 240 D	49.000	8.1.02	k	5	l	9.800
Reisebus Setra HD	375.000	15.3.03	k	5	l	
Linien-/Reisekombi 1	280.000	15.4.03	k	8	l	
Summen	**1.978.000**					**159.685**

Sonstiges Anlagevermögen

Beschreibung	Datum AHK der in Euro	Anschaffung	E = Einlage K = Kauf Status	ND	L = Linear D = Degressiv AFA Methode	AFA Planung Gründungsjahr 2009
Summen						

erstes Warenlager

Beschreibung	AHK in Euro	Jahr 01.01.2009
Summen		

Sonstiges Umlaufvermögen

Beschreibung	AHK in Euro	Jahr 01.01.2009
Summen		

nicht förderfähige Investitionen

Beschreibung	Datum AHK der in Euro	Anschaffung	E = Einlage K = Kauf Status	ND	L = Linear D = Degressiv AFA Methode	AFA Planung Gründungsjahr 2009
Summen						

Fahrzeuge

(Die Position steht nach allgemeiner Gliederung systematisch am Ende, auch wenn sie für das konkrete Unternehmen natürlich herausragend ist.)

Begonnen wird mit einem kombinierten Linien-/Reisebus, da in den ersten beiden Monaten ausschließlich Linie und einige Ausflüge gefahren werden. Mit Beginn der Reisesaison wird die Flotte um einen weiteren Kombi und einen reinen Fernreisebus ergänzt.
Für ergänzende Linien und Ausflugsverkehr folgt ein doppelstöckiger Kombi. Als Firmen-Pkw fungiert ein Mercedes 240 D, mit dem die Fahrer zu diversen Grenzpunkten gebracht und abgeholt werden, um die innerhalb der EU geltenden Lenk- und Ruhezeiten einzuhalten.
Für das zweite Jahr sind bei Übernahme weiterer Linien wiederum ein Kombi und für den zusätzlichen Ausflugsverkehr ein weiterer Reisebus geplant.
Kombibusse unterliegen der Regionalförderung und werden mit bis zu 50 % des Anschaffungspreises durch den Bezirk bezuschusst.

3.8 Die Finanzierung Ihrer Investitionen

Regeln gibt es viele, daher auch das geflügelte Wort, sie seien dazu da, gebrochen zu werden. „Goldene Regeln" sind selten. Deshalb:

> Die „goldene Finanzierungsregel" sollten Sie ganz konsequent einhalten. Sie besagt: Was langfristig angelegt/investiert ist, ist auch langfristig zu finanzieren.

Der Finanzierungszeitraum eines Gutes sollte genauso lange sein wie die Nutzungsdauer. Über die steuermindernde Abschreibung (AfA) kann der Anschaffungskredit zurückgezahlt werden.
Das klingt plausibel und ist es auch. Trotzdem werden Investitionen immer wieder teuer und riskant, weil kurzfristig finanziert wurde. Teilweise erfolgt das sicherlich, weil die Investi-

tion nicht geplant war und vor allem weil die Folgeinvestitionen nicht berücksichtigt wurden. Dabei gibt es eine Vielzahl von Finanzierungsformen, auf die Gründer/innen zurückgreifen können.

Überblick grundsätzlicher Finanzierungsmöglichkeiten

- Eigen-/Risikokapital
- Eigenkapitalähnliche Darlehen
- Beteiligungskapital
- Bürgschaften
- Hausbankdarlehen
- Fördermittel; Zuschüsse; Zulagen

In der Quintessenz geht es um das Mischungsverhältnis von

- Eigen-/Risikokapital
- Fremdkapital

Mezzaninkapital

Einen neue Form der Finanzierung, das eine Mischung aus Risiko- und Fremdkapital darstellt. Es ist halb riskant /halb festverzinslich.

Risikokapital/Eigenkapital

Zum Risikokapital zählen alle Eigen- und Fremdmittel, die dem unternehmerischen Risiko unterliegen, aber im Gegenzug auch vom Gewinn profitieren, und zwar zunächst unabhängig von ihrer Quelle. Man gliedert dies wie folgt:

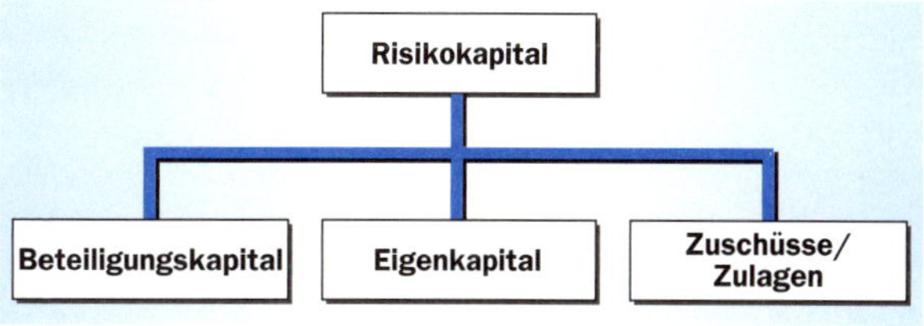

Eigenkapital gilt danach grundsätzlich (auch) als Risikokapital, weil die Rückzahlung nicht per Vertrag durch Sicherheiten gesichert ist und kein fester Zins vereinbart wurde. Bleibt die Geschäftstätigkeit ohne Gewinne, gibt es keine Verzinsung.
Im ungünstigsten Fall ist Risikokapital verloren. Das gilt auch, wenn der Start-up in einer Kapitalgesellschaft (GmbH/AG) stattfindet und der bzw. die Gesellschafter ein Darlehen an die Gesellschaft geben. Dieses Gesellschafterdarlehen gilt „in der Krise" als „Eigenkapital ersetzend". Die Profis verlangen meist einen so genannten Rangrücktritt der Gesellschafter. Damit stellen sie im Fall der Insolvenz sicher, dass zumindest alle Verbindlichkeiten gegenüber den Fremdkapitalgeber bedient werden. Und das alles, bevor der Inhaber auch nur einen Euro seines eingesetzten Geldes sieht.
Zum Risikokapital zählen weiterhin Gelder von fremden Dritten, die sich am Geschäftserfolg beteiligen wollen. Ihr Risiko gleichen sie damit aus, dass sie im Falle des Erfolgs mehr Rendite/Zinsen erwarten als bei alternativen Kapitalanlagen. Professionelle Risikokapitalgeber kalkulieren eine Rendite bis zu 40 % auf das von ihnen eingesetzte Kapital.

Fremdes Risikokapital ist damit viel teurer als abgesichertes Bankenkapital.

Risikokapitalgeber können auch nahe Verwandte, Freunde, Kollegen etc. sein. Deren Engagement wird von fremden Kapitalgebern gerne gesehen, weil sie dann mehr Verpflichtung des Unternehmers vermuten. Es ist in der Regel nicht so teuer, kann aber in Ihrem Privatleben zu Problemen führen – spätestens dann, wenn Sie das Kapital an den Freund, die Eltern oder sonstige Familienmitglieder nicht fristgerecht zurückzahlen können.
Die (neuen) Rating-Kriterien sind besonders hartleibig in der Frage des Eigenkapitals. Zwischen 25 % und 40 % der Gesamtfinanzierung sehen sie als ausreichend. Das ist kein unbescheidener Wert, denn die durchschnittliche Eigenkapitalquote deutscher Mittelständler liegt unter 10 %. Das ist kritisch, weil negative Ergebnisse (Verluste/Forderungsausfälle) nicht durch

Eigenkapital aufgefangen werden können. Damit steigt die Insolvenzgefahr. Um die Gefährdung neuer Betriebe im überschaubaren Rahmen zu halten, hat man sich in der gängigen Praxis auf eine Mindesteigenkapitalquote von 15 % festgelegt, die Tendenz der Quotenhöhe ist steigend.
Zuschüsse und Zulagen werden überwiegend dem Eigenkapital zugerechnet und zählen damit auch zum Risikokapital. Bürgschaftsbanken stellen Sicherheiten für Risikokapital zur Verfugung. Das sind ländergeförderte Banken, bei denen die Bundesländer bzw. der Bund die Ausfallbürgschaft übernimmt. Um von ihnen eine Zusage zu bekommen, sollte man viel Zeit und einen ausgefeilten Businessplan mitbringen. Die Anträge sind über die Hausbank zu stellen.

Fremdkapital

Fremdkapital ist in Abgrenzung zum Risikokapital kontraktgesichert, d.h., Rückzahlung und Zinsen werden vertraglich festgelegt. Fremdkapitalgeber suchen Sicherheiten, einige nehmen den Unternehmer auch in die Haftung für das ausgeliehene Kapital. Fremdkapitalgeber sind typischerweise:

- Banken und Sparkassen
- Leasinggesellschaften
- Versicherungen
- Kunden
- Hersteller, Lieferanten
- öffentliche Förderstellen (DtA, KfW, regionale Förder- und Bürgschaftsbanken etc.)
- Factoring- Gesellschaften

Diese (Fremd-) Kapitalgeber erwarten kontinuierliche Informationen über die Realisierung des Vorhabens bzw. den Stand der Dinge.

Der Gesetzgeber schreibt im Kreditwesengesetz (KWG § 18) Kreditinstituten vor, dass sie sich umfassend über die finanziellen und wirtschaftlichen Verhältnisse ihres Gläubigers informieren müssen. Die Eckpfeiler sind eine funktionierende

Buchhaltung, monatliche betriebswirtschaftliche Auswertung (BWA) vom Steuerberater und besser noch eine kurzfristige Erfolgsrechnung (KER), siehe auch Kapitel 6.
Übrigens: Da Sie Ihr eigenes Kapital, das im Unternehmen steckt, genauso pfleglich behandeln sollten, ist auch für Sie dieses monatliche Berichtssystem von Bedeutung. Stimmen die Zahlen noch? Stimmen vor allem die Fakten mit dem Gefühl überein? Mehr dazu in Kapitel 6.

Der Finanzierungs-Mix macht's

Jede Art und Form der Finanzierung hat Vor- und Nachteile. Um die Vorteile möglichst groß und die Nachteile möglichst gering zu halten, empfehlen wir Ihnen eine Mischung, die sich für Ihr Unternehmen eignet, die realisierbar ist und konsequent die goldenen Finanzierungsregeln im Blick hat.
Investitionen werden grundsätzlich langfristig (länger als 48 Monate), also mit Eigen-/Risikokapital- und (Hypotheken-) Darlehen finanziert. Nur wenn die Eigenmittel für die Investitionen nicht ausreichen, ist der überschießende Teil über langfristige Kredite abzusichern. Um die richtige Relation zwischen Finanzierungs- und Nutzungsdauer zu finden, gibt es eine so genannte betriebliche Kennzahl – neben über Tausend weiteren. In diesem Fall ist es die Anlagendeckung. Diese Kennzahl addiert Eigenkapital und langfristige Verbindlichkeiten und teilt diese Summe durch den tatsächlichen Wert des Anlagevermögens. Das Ergebnis sollte größer gleich eins sein. Ist es kleiner, bedeutet das, dass langfristige Investitionen durch kurzfristige Verbindlichkeiten finanziert werden. Die Formel sieht so aus:

$$\frac{\text{Eigenkapital} + \text{langfristige Finanzierung}}{\text{Anlagevermögen}} = \text{Anlagendeckung} > 1$$

Darlehen

Darlehen sind typische langfristige Finanzierungsarten. Sie haben feste Laufzeiten, bei vorzeitiger Rückzahlung berechnet die Bank eine Vorfälligkeitsentschädigung. „Sondertilgungs-

vereinbarungen" müssen bereits im Kreditvertrag verankert sein. Sie sind insbesondere dann zweckmäßig, wenn es sich um unsichere Investitionen handelt. Die Tilgung von Darlehen erfolgt meist in gleichen Raten (Annuitätendarlehen). Alternativ kann die gesamte Tilgung am Ende der Laufzeit geleistet werden. In der Zwischenzeit fallen nur die Zinsaufwendungen an (Finanzierung über Lebensversicherungen). Für den Existenzgründer ist eine Kombination, bei der tilgungsfreie Anfangsjahre vereinbart werden, häufig die beste Alternative oder ein monatlich fester Tilgungsbetrag, mit fallenden Zinsbeträgen.
Ohne die Inanspruchnahme weiterer Finanzierungsformen könnte eine Investition über insgesamt 100.000 € mittels Hausbankfinanzierung, sprich Darlehen, so aussehen:

Investition	**Finanzierung**		
Investitionen	65.000 €	Eigenkapital	20.000 €
Betriebsmittel	35.000 €	Hausbankdarlehen	80.000 €
Gesamt	100.000 €	Gesamt	100.000 €

Die Hypothek

Zinsgünstige Form des langfristigen Bankenkredits ist die Hypothek. Hypothekenbanken bieten günstige Zinskonditionen an. In den Genuss kommen Sie nur, wenn Sie beleihungsfähigen Grundbesitz haben. Als Sicherheit für die ausgereichten Mittel wird im Grundbuch eine Grundschuld eingetragen. Kann der Schuldner nicht zahlen, wird das Objekt (zwangs-)versteigert und der Gläubiger aus dem Kauferlös bezahlt.

Der Avalkredit

Für Betriebe, die ihren Kunden Gewährleistung anbieten (müssen), z.B. im Handwerk, ist der Avalkredit eine interessante Variante der Finanzierung. Dabei übernehmen Banken eine Bürgschaft/Garantie für den ausstehenden Betrag. Der Kunde zahlt die volle Rechnung. Wenn er im Falle der Gewährleistung sein Geld nicht erhält, kann er die Bank für den „gebürgten Betrag" in Anspruch nehmen. Vorteil ist der günstigere Zins, der üblicherweise bei 1,5 %–2 % liegt. Liquiditätsmäßig bringt der

Avalkredit wenig, da seine Inanspruchnahme meist auf den Kontokorrentrahmen angerechnet wird. Das belastet die Liquidität und stellt besonders für Existenzgründer eine Falle dar. Avalkredite können allerdings durch eine Versicherung abgedeckt werden. Die Bürgschaften werden gegen Prämie „versichert“. Nur die „Eigenbeteiligung“ bleibt als Bankschuld, was mehr Liquidität bringt. Allerdings sind die Versicherungsbeiträge nicht unerheblich.

Beteiligungen

Die Investitionen mittels Beteiligung zu finanzieren, ist für Existenzgründungen dann interessant, wenn ein überdurchschnittliches Wachstum erwartet wird und die Banken keine Darlehen in dieser Höhe ausreichen. Grundsätzlich sind zwei Beteiligungsformen denkbar:

- die Beteiligung am Stammkapital und
- die stille Beteiligung

Im ersten Fall wird der Kapitalgeber zum Gesellschafter mit allen daraus resultierenden Rechten und Pflichten, einschließlich der Eintragung in das Handelsregister. Öffentliche Beteiligungsgesellschaften verzichten auf solche Eintragungen. Sie zielen auf eine stille Beteiligung. Der stille Gesellschafter haftet nur in Höhe seiner Einlage und hat eingeschränkte Überwachungsrechte. Er darf sich nicht an der Geschäftsführung beteiligen. Ausnahme ist die atypische stille Beteiligung.
Beteiligungsgeber können finanziell gut gestellte Personen oder professionelle Beteiligungsfinanzierer sein, z.B.:

- Business Angels
- vermögende Privatpersonen (private equity)
- Venture-Capital-Gesellschaften
- öffentliche Beteiligungsgeber

Sie alle prüfen das Vorhaben so intensiv, dass die Tests der Banken vergleichsweise harmlos wirken. Verständlich, denn sie geben Kapital ohne Sicherheiten-Netz. Geht die Rechnung nicht auf, ist im schlechtesten Fall das gesamte Kapital weg. Dieses Risiko lassen sich die Beteiligungsgeber bezahlen.

Professionelle Risikokapitalgeber erwarten (implizit) eine Verzinsung von 25 %-40 %. Mit „Nächstenliebe" hat das Ganze eben nichts zu tun. Und beteiligen werden sich echte Profis nur, wenn der Businessplan entsprechend professionell, realistisch und Erfolg versprechend ist.

Laufzeiten von Beteiligungen bewegen sich meist im 10-Jahres-Zeitraum. Beteiligungskapital ist endfällig, sprich die Summe ist in voller Höhe zum vertraglich festgelegten Zeitpunkt zurückzuzahlen. Damit das gestemmt werden kann, empfehlen wir, kontinuierlich einen Betrag „x" auf die Seite zu legen, der sich dann zum Auszahlungszeitpunkt möglichst auf die volle Höhe addiert.

Kritischer Punkt ist der Ausstieg aus der Vereinbarung, der so genannte Exit. Die VC- Gesellschafter möchten spätestens mit dem Verkauf der Anteile (und bei größeren Vorhaben evtl. mit dem Börsengang) „Kasse machen". Schlimmstenfalls durch den Anteile-Verkauf an einen Wettbewerber. Je nach Beteiligungsgeber sind die Konditionen sehr unterschiedlich.

Meist legen sich die Beteiligungsgeber erst nach der Detailprüfung des Konzeptes auf die genauen Konditionen fest. Das gilt auch für die Verbürgung des Beteiligungskapitals, z.B. durch persönliche Bürgschaften. Finanziert werden in der Regel drei Phasen:

- Seed-Capital gibt es für das Erstellen eines Geschäftsplans, die Gründungskosten, den Organisationsaufbau und die sog. „visibility study".
- Die Start-up- bzw. Stage-Finanzierung bezieht sich auf Forschung und Entwicklung, den Produktions- und den Vertriebsaufbau sowie die Markteinführung.
- Eine IPO- bzw. Exit-Finanzierung greift in der Phase von Börseneinführung, Anteilsrückkauf, Anteilsverkauf an andere etc.

Nicht-öffentliche Beteiligungsgeber sind meist auf bestimmte Branchen spezialisiert. Sie haben Experten in den eigenen Reihen, bringen Management- und Marktkompetenzen und Beziehungen ein. Vor allem jungen Unternehmen hilft das sehr,

sich im Markt zu etablieren und ein stabiles Unternehmen aufzubauen. Ein Beteiligungsgeber, die „tbg“, eine Tochter der Kreditanstalt für Wiederaufbau (KfW), arbeitet mit Betreuungsinvestoren. Das können Privatpersonen, aber auch Beteiligungsgesellschaften sein. Diese müssen mindestens den gleichen Betrag einbringen wie die öffentlichen Beteiligungen, z.B. aus den Programmen „BTU“ und/oder „Futour“.
Eine reine Beteiligungsfinanzierung könnte folgendermaßen aussehen:

Investition		Finanzierung	
Sachinvestition	100.000 €	Eigenkapital	25.000 €
Betriebsmittel	50.000 €	Stille Beteiligung	125.000 €
Gesamt	150.000€	Gesamt	150.000 €

Für weitere Informationen schauen Sie nach unter: www.bmwi.de und www.kfw.de

Leasing

Leasing ist eine Art Miete, die dem Leasingnehmer eine zeitlich befristete Nutzung gewährt.

Geleast wird nahezu alles vom Fahrzeug bis zu Immobilien. Es ist eine interessante Variante zur herkömmlichen Finanzierung, vor allem weil es bilanzneutral ist. Die geleasten Teile stehen nicht im Sachanlagevermögen und die Verpflichtungen tauchen nicht als Darlehen in der Bilanz auf. Für das Leasing spricht eine Reihe von Vorteilen:

- Ein Leasingvertrag engt den Kreditspielraum des Unternehmers weniger ein als ein Darlehensvertrag. Der Grund: Leasinggesellschaften verzichten auf zusätzliche Sicherheiten. Ihnen genügt eine ordentliche Bankauskunft, die Unterschrift des Leasingnehmers und eine Anzahlung. Der Leasinggegenstand bleibt sowieso in ihrem Eigentum.
- Leasing ist für gut verdienende Unternehmen möglicherweise steuerlich interessanter als eine Darlehensfinanzierung. Sprechen Sie Ihren Berater darauf an.

- Mit Leasing können mitunter (Großabnehmer-)Rabatte genutzt werden.
- Die Leasingraten bieten während der Nutzungszeit eine gleichmäßige, kalkulierbare Kostenbelastung.

Bevor Sie einen Leasingvertrag unterschreiben, lesen Sie das Kleingedruckte. Rückgabeprozeduren und Ausgleichszahlungen für den Restwert sind neuralgische Punkte.

Leasinggeber sind da sehr pingelig. Stunden- oder Kilometerüberschreitungen, „kleine" Reparaturleistungen und Ingangsetzungen schlagen mit großen Summen zu Buche und verändern die ursprüngliche Finanzierungsrechnung bei Rückgabe des Leasinggutes kräftig. Gerade Unternehmer sollten auch steuerliche Auswirkungen berücksichtigen.
Vorsicht: Leasing wird gerne genutzt, wenn die Bank kein Geld mehr gibt! Das mag die Bank nicht. Die Leasinggesellschaft hat das „Geschäft" und die Hausbank trägt das Risiko. Daueraufträge und Überweisungen an die Leasinggesellschaften werden bei Engpässen deshalb sehr schnell rückbelastet. Die Leasinggesellschaft holt daraufhin ihr Eigentum umgehend zurück. Ihnen fehlen dann möglicherweise wesentliche Elemente zur Aufrechterhaltung des Betriebs.

Öffentliche Fördermittel

Öffentliche Finanzierungshilfen sind heiß begehrt. Wer sie nutzt, kann sich bei der Realisierung seiner Investitionen deutlich besserstellen. Gerade für den Mittelstand bieten die Europäische Union, der Staat bzw. die Gebietskörperschaften über tausend Fördermöglichkeiten, die an dieser Stelle nicht annähernd wiedergegeben werden können. Wer sich durch den Förderdschungel kämpfen will, braucht Zeit und gute Ratgeber. Auch wenn bei genauerem Hinsehen schnell deutlich wird, dass viele Programme für spezielle Branchen, Anwendungsfälle oder Unternehmen ins Leben gerufen wurden.

Die Förderkriterien für kleine und mittlere Unternehmen (KMU) sind:

- weniger als 250 Mitarbeiter
- weniger als 40 Mio. € Jahresumsatz oder eine Bilanzsumme kleiner als 27 Millionen €
- KMU dürfen höchstens bis 25 % im Besitz eines Unternehmens sein, das diese Kriterien nicht erfüllt.

In der Regel gilt das Hausbankprinzip, d.h., die Anträge stellt Ihr Kreditinstitut für Sie.

Ein Rechtsanspruch auf Fördermittel besteht nicht, die Hausbank muss den Antrag nicht weiterleiten. Da sie hohen Verwaltungsaufwand, aber wenig Marge hat, macht sie von diesem Recht immer öfter Gebrauch – für Bankangestellte ein normales Geschäftsgebaren.
Eine Besonderheit stellt das ERP-Kapital-Gründung (die Eigenkapitalhilfe) der Kreditanstalt für Wiederaufbau (KfW) dar. Wie beim Startgeld wird die Bank von der Haftung freigestellt. Mit ERP-Kapital-Gründung kann das haftende Eigenkapital auf 40 % aufgestockt werden, es hat eigenkapitalähnlichen Charakter. 15 % bringt der zukünftige Unternehmer, die restlichen 25 % kommen von der KfW. Das Risiko der finanzierenden Bank wird somit auf maximal 60 % der notwendigen Summe beschränkt. Auf dieser Basis sind die Kreditinstitute gerne bereit, auf Marge, also ihren Verdienst, zu verzichten, um ihr Risiko zu reduzieren.
Grundlegende Formen der staatlichen Investitionshilfen sind:

- zinsverbilligte Sonderkredite
- Eigenkapitalhilfen
- steuerfreie Investitionszulagen
- Investitionszuschüsse
- Übernahme von Bürgschaften oder Ausfallgarantien

Eine typische Gründerfinanzierung kombiniert den Unternehmerkredit (früher ERP-Darlehen) und die ERP-Kapital-Gründung (ehemals EKH-Darlehen). Zusammen mit den Eigenmitteln und einem Hausbankdarlehen entsteht eine Finanzierungsstruktur, die für mehr als die Hälfte der 50 % der

Existenzgründerfinanzierungen typisch ist:

- 15 % – Eigenkapital
- 25 % – Eigenkapitalhilfe (subsidiär)
- 50 % – ERP-Darlehen
- 10 % – Hausbankdarlehen

Damit ergibt sich im Beispiel folgende Finanzierungsstruktur:

Investition		**Finanzierung**	
Sachinvestition	100.000 €	Eigenkapital	25.000 €
Betriebsmittel	50.000 €	ERP – Kapital-Gründung	35.000€
		Unternehmerkredit	75.000 €
		Hausbankdarlehen	15.000 €
Gesamt	150.000 €	Gesamt	150.000 €

EKH-Mittel sind in den ersten Jahren tilgungsfrei. Dann aber sind die Tilgungsraten saftig, sie werden zweimal pro Jahr (31.3./30.9.) abgebucht. Auch hier empfehlen wir eine dauernde Ansparung, um später nicht von den hohen Rückzahlungen überrollt zu werden.

ACHTUNG: Vor der (registrierten!) Genehmigung beim Förderinstitut darf bei geförderten Krediten keinesfalls mit der Investition (Kaufvertrag) begonnen werden. Ansonsten geht die Förderung verloren.

Zuschüsse/Zulagen

Zuschüsse und Zulagen fließen in der Regel zeitlich stark verzögert. Dann ist es vorteilhaft, mit dem Kreditinstitut eine Zwischenfinanzierung zu vereinbaren. Bis zur Zusage besteht kein Anspruch auf die Gelder und so wird die Zwischenfinanzierung leicht zur Endfinanzierung. Zu beachten ist, dass Zuschüsse nicht additiv zu allen anderen Förderungen (ERP-, EKH-Mittel, KfW-Darlehen etc.) betrachtet werden können. Sie werden in einem bestimmten Verhältnis angerechnet. Das Verfahren ist nicht ganz einfach zu durchschauen. Deshalb empfehlen wir, den erarbeiteten Finanzierungsvorschlag beim Landesförderinstitut prüfen und ggf. eine Gegenrechnung anfertigen zu lassen.

Fallbeispiel Folge 4

Finanzierungsplanung konkret

Die bisher in diesem Buch betrachtete Musterfirma hat sich für die folgende Finanzierungskombination entschieden (wie schon erwähnt ein „größeres“ Gründungsvorhaben, das prototypisch zu sehen und auf „kleinere“ Lösungen übertragbar ist).

Gründungsdatum 1. Januar 2009

Finanzierungsplan	2009	2010	2011	2012
* **Eigenmittel**	**240,0**			
z.B. KK Guthaben	160,0			
	80,0			
* **Fremdmittel**	**1.700,0**	**1.145,0**		
EKH (s. Formblatt EKH)	400,0	165,0		
GEFA-Omnibusfinanzierung	890,0	490,0		
Hypothekendarlehen	350,0			
Investitionsdarlehen	60,0			
GEFA-Omnibusfinanzierung		490,0		
Kredit 5				
Kredit 6				
= förderbare Investitionsfinanzierung	1.940,0	1.145,0		
* **Sacheinlagen**				
Betriebsgrundstücke				
Betriebsgebäude				
technische Ausstattung/Maschinen				
Betriebs- und Geschäftsausstattung				
Fahrzeuge				
Sonstiges				
* **Sonstiges**	**535,0**	**130,0**		
Zuschuss	435,0	130,0		
Eigenanteil für Beratung				
Kontokorrentlimit	100,0			
= Gesamte Finanzierungsmittel	2.475,0	1.275,0		

Sicherheiten

Banken sind vom Gesetzgeber verpflichtet, ihr Risiko so gering wie möglich zu halten. Das Zauberwort sind Sicherheiten. Sie spielen – auch im kurzfristigen Bereich – eine wesentliche Rolle bei Kreditverhandlungen. Die wichtigste Unterscheidung ist die Differenzierung in Personal- und Realsicherheiten: Hier die wichtigsten im Überblick:

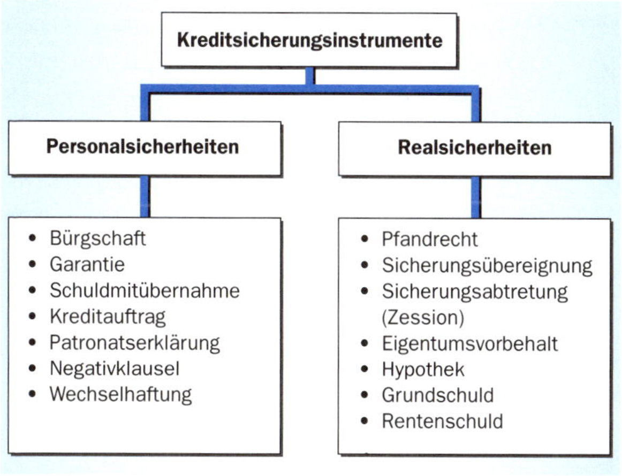

Wenn Sie selbst oder eine dritte Person (z.B. Ehepartner, Eltern) die Gewähr für die Rückzahlung übernehmen, handelt es sich um eine Personalsicherheit. Eine dritte Person wird hinzugezogen, wenn dem Kreditinstitut die Haftung des Kreditnehmers allein nicht ausreicht bzw. zu unsicher erscheint. Große Bedeutung hat hier die Bürgschaft.

Bürgschaft

Kann der Kreditnehmer eine Forderung nicht begleichen, geht diese auf den Bürgen über. Damit kein Platz für Tricks oder Schiebereien bleibt, haben die Kapitalgeber eine Reihe weiterer Sicherungen eingebaut.

- Um ganz sicherzugehen, verlangen Kreditinstitute meist selbstschuldnerische Bürgschaften. Der Bürge verzichtet auf die sog. Einrede der Vorausklage. Sie beinhaltet das Recht des Bürgen, die Befriedigung des Kreditgebers so lange zu verweigern, bis dieser eine erfolglose Zwangsvollstreckung gegen den Kreditnehmer eingeleitet hat.
- Mit einer „Bürgschaft auf erstes Verlangen“, fließt das Geld direkt an die Bank. Egal ob gegenüber dem Hauptgläubiger vollstreckt wurde oder nicht.
- Bei der Ausfallbürgschaft verpflichtet sich der Bürge, gegenüber dem Gläubiger für Verluste einzustehen, die nachweisbar auch nach erfolgter Zwangsvollstreckung noch vorhanden sind.
- Zur eigenen Absicherung sollte der Bürge seine Haftung auf einen bestimmten Höchstbetrag begrenzen (Höchstbetragsbürgschaft), was Banken in der Regel akzeptieren.
- Gründer haben nicht immer solvente Bürgen. Sie können auf spezielle Förderinstrumente zugreifen. Die Bürgschaftsbanken der Länder gehen sehr oft in die Verantwortung.

Im Gegensatz zu den Personalsicherheiten, denen schuldrechtliche Ansprüche zugrunde liegen, handelt es sich bei den Realsicherheiten um sachenrechtliche Ansprüche. Dem Kreditgeber werden bestimmte Rechte an Vermögenswerten eingeräumt, die im Fall der Zahlungsunfähigkeit in Anspruch genommen und verwertet werden können. Das Prinzip ist mit einem Pfandhaus zu vergleichen. Dort holt man Geld gegen ein „Pfand“ (Sicherheit) und wenn das Geld einschließlich Zinsen zurückgezahlt ist, bekommt man sein (reales) Gut wieder. Kritisches Moment ist die Werthaltigkeit des Pfandes. Gravierende Unterschiede bei der Bewertung der Sicherheiten liegen in der Sache begründet und sollten von vorneherein einkalkuliert werden. Ein Orientteppich oder das Warenlager des Unternehmens werden von der Bank sicherlich eher bei 20 % des Verkaufswertes angesetzt als bei 40 %. Vorsicht gilt auch hier als ehernes Gesetz der Banken, denn diese müssen vom Zerschlagungs- oder Versteigerungswert ausgehen.

Wichtigste Realsicherheiten an Sachen sind die Sicherungsübereignung und die Grundpfandrechte, die wichtigsten Realsicherheiten an Rechten sind die Zession (=Forderungsabtretung) und die Verpfändung von Forderungen.

Die Realsicherheiten an Rechten greifen bei der kurzfristigen Finanzierung, sie sind dort auch aufgelistet.

Sicherungsübereignung

Die Sicherungsübereignung beweglicher Sachen ist gesetzlich nicht geregelt. Sie hat sich aus und in der Praxis entwickelt und wird den Interessen der Bank (Sicherungsnehmer) und des Kreditnehmers (Sicherungsgeber) besser gerecht als die Verpfändung. Eigentümer, Besitzer und Nutzer des betreffenden Objekts wird die Bank. Im Allgemeinen werden damit objektbezogene Kredite (z.B. für eine Maschine) mit einer Laufzeit von bis zu 6 Jahren abgesichert. Hier liegt der Teufel im (Bewertungs-)Detail. Es ist nicht damit getan, eine Maschine für 100.000 € zu kaufen und sie der Bank als Sicherheit anzubieten. Denn heute sind Sie schon mit einer Auszahlung von 80 % der Anschaffungskosten gut bedient. Aufgrund der momentanen Insolvenzwelle gibt es gebrauchte Maschinen in Hülle und Fülle. Bei Spezialmaschinen sind wiederum Spezialnachfrager notwendig. All das drückt den Preis noch mehr. Zur Zeit sind 50 % ein realistischer Wert für die Beleihung einer Maschine.
Bemerkenswert: Bei Rückführung des Kredites erlischt die Übereignung nicht von selbst. Die Bank muss die Sicherungsübereignung schriftlich aufheben. Das tut sie meist nur nach Aufforderung von Ihnen. Denken Sie daran.

Grundpfandrechte

Grundpfandrechte sind dingliche Rechte an einem Grundstück, die unabhängig von dessen jeweiligem Eigentümer bestehen können.

Da sie aufgrund der schnellen Zwangsvollstreckungsmöglichkeiten die besten Sicherheiten darstellen, sind ihre gebräuchlichen Erscheinungsformen – Grundschuld und Hypothek – weit verbreitet. Die Grundschuld ist bei Banken sehr beliebt. Sie setzt keine persönliche Forderung des Gläubigers voraus und sie bleibt auch dann als Sicherheit erhalten, wenn der Kredit vorübergehend, teilweise oder ganz zurückbezahlt wird. Am besten ist, der Schuldner beantragt eine „Briefgrundschuld", die er nach Herausgabe/Ablösung übernehmen und an andere Gläubiger weitergeben kann.

Wenn Sie sich unter Vorlage Ihres Businessplans um einen bestimmten Finanzierungsmix bemühen, ist es wichtig, von vorneherein geeignete Sicherheiten mitzudenken.

Hier einige grundsätzliche Hinweise:

- Bürgen brauchen Bonität – ein selbst überschuldeter Bürge hilft Ihnen nicht weiter.
- „Übersichern" Sie nichts und fordern Sie nicht mehr benötige Sicherheiten von der Bank an (dazu müssen Sie initiativ werden). Lassen Sie sie schriftlich freigeben.
- Entsprechend „eng" soll auch die Zweckerklärung des Kreditvertrags sein. Damit ist klar festzuhalten, auf welchen Kredit sich eine Bürgschaft/Sicherheit bezieht. Vermeiden Sie „Freischeine".
- Häufig gibt es Streitigkeiten über die Werthaltigkeit der Sicherheiten. Banken müssen grundsätzlich vom Zerschlagungswert ausgehen, während die Kunden dem „going concern principle" huldigen.

Realistischer Tipp zum Umgang mit Banken

Die ideale Finanzierung für Ihr Unternehmen ist sicherlich immer nur ein Annäherungswert. Ohne eigene Erfahrung wird diese Annäherung eher zaghaft sein. Auch wenn Sie einen guten Banker an der Hand haben, sollten Sie nicht vergessen, dass auch er Geschäft machen will und wird. Seine Empfehlungen sind immer auch durch diese Brille zu betrachten. Leider fällt uns hier auch nicht viel mehr ein, als dass Sie sich mit erfahrenen Beratern umgeben. Es gibt zwar keine Gewähr, aber die Chance, dass der Zinsvorteil, den Sie dank seiner Unterstützung erwirken können, bereits einen Großteil des Beraterhonorars deckt.

3.9 Liquidität sichern

Kurzfristige Finanzierung – der Bedarf

Zu einem Zeitpunkt x wollen Sie loslegen und Ihren ersten Auftrag bearbeiten. Zwischen Auftragserteilung und Zahlungseingang des Kunden liegt ein mehr oder weniger langer Prozess, in dem Bereitstellungskosten und Kosten der Leistungserstellung entstehen. Wegen der unterschiedlichen Fristen dieses Prozesses muss überbrückend finanziert werden.

Beispiel

Wir unterstellen eine Bestellung Ihres Kunden am 15.01. Die notwendigen Materialien werden am 20.01. geliefert, zusammen mit der Rechnung. Zahlungsziel des Lieferanten ist der 03.02. Die Mitarbeiter, die die Lieferung zwischen dem 20.01. und dem 31.01. bearbeiten, wollen zum Monatsende ihren Lohn bzw. ihr Gehalt. Der Vermieter bucht die Miete für die Geschäftsräume von Ihrem Konto ab. Die Kosten laufen und laufen, verdient ist noch nichts. Irgendwann wird das Geld des Kunden auf unserem Konto eingehen, damit alle Betroffenen bezahlt werden können. Doch darauf warten weder Mitarbeiter, Vermieter, Finanzamt noch Zulieferer. In der Zeit der Anlauffinanzierung fehlt Geld, um die offenen Zahlungen leisten zu können. Sie sind sozusagen nicht flüssig (liquide), dem Unternehmen fehlt die Liquidität.

Das ist nicht nur ein unangenehmer Zustand, er kann den Fortbestand des Betriebes gefährden. Einem Unternehmer, der seinen Zahlungsverpflichtungen nicht mehr nachkommen kann, droht Zahlungsunfähigkeit.

> Schon die „drohende Zahlungsunfähigkeit", erst recht die tatsächliche Zahlungsunfähigkeit sind Insolvenzgründe.

Und es sind häufig die Start-ups, die in diese Liquiditätsfalle tappen. Anders als erfolgreiche, etablierte Unternehmen haben sie (noch) nicht genug verdient, um daraus flüssige Mittel im Betrieb zu halten. Das Finanzmanagement der kurzfristigen Liquiditätssicherung ist ein Handling-Problem. Unterschätzen Sie es nicht. Neben der Anlauffinanzierung von Projekten können saisonale Einflüsse zu Liquiditätsengpässen führen.

Für Ihren Unternehmensstart empfehlen wir Ihnen zwei Planungssysteme: den Liquiditätsplan und die Liquiditätsvorausschau.

Die Liquiditätsvorausschau erfasst zeitpunktgenau die anstehenden Zahlungserwartungen und Verpflichtungen.
Bei der Liquiditätsplanung werden die monatlichen Zahlungsströme grob abgeschätzt. Sie planen die Zahlungseingänge auf Basis der Erwartungen aus dem Umsatzplan. Unterschieden wird zwischen Sofortzahler, Kunden, die im Folgemonat zahlen, und Kunden, die säumig sind. In der Summe ergibt das die Eingänge der getätigten Umsätze pro Monat.
Gleichzeitig werden die monatlichen Kosten aus dem Kostenplan übertragen. Über die Materialeinsatz-/Fremdleistungsquote fließen die Ausgaben für Lieferanten mit ein. Auf diese Art und Weise wird die „Unterdeckung" über das anlaufende Gründungsjahr erkannt. In der Summe ergibt sich der Höchstbetrag des kurzfristigen Finanzierungsbedarfes (siehe das Fallbeispiel).
Vorsorglich sollten Sie noch eine kleine Sicherheitsreserve dazuaddieren. Zusammen

Liquiditätsplan

Werte in TEuro	
Planumsatz (brutto)	
Einzahlungen aus Umsatz (brutto)	
1	desselben Monates
2	vor einem Monat
3	vor zwei Monaten
4	vor drei Monaten
5	vor vier Monaten
6	Kundenskonto
7	Sonstige Einzahlungen (z.B. Darle
8	**Summe der Einzahlungen**
Auszahlungen (brutto) für	
9	Material/Fremdleistungen
10	Personal netto
11	Personal Sozvers. + LSt
12	Raumkosten
13	Betriebliche Steuern
14	Versicherungen/Beiträge
15	Besondere Kosten
16	Kfz.-Kosten (incl. Kfz.-St)
17	Werbe-/Reisekosten
18	Kosten Warenabgabe
19	Reparatur/Instandhaltung
20	Sonstige Kosten
21	Darlehenszinsen
22	Kontokorrentzinsen
23	Tilgung
24	Umsatzsteuer
27	
28	Summe Auszahlungen
29	Über-/Unterdeckung lfd. Geschäf
30	Investitionen in Sachanlagen Angabe vor wievielen Tagen gebucht
31	Bezahlung 1. Warenbestand Angabe vor wievielen Tagen gebucht
32	Privatentnahmen
32	Überdeckung-/Unterdeckung
33	Kontokorrentstand zu Beginn
34	Konktokorrentstand zum Ende
35	Kontokorrentlimit
36	**Limitunterschreitung**
37	**Limitüberschreitung**

Fallbeispiel Folge 5

Liquiditätsplanung konket

erforderlich ntarif bilden	Jan 09	Feb 09	Mrz 09	Apr 09	Mai 09	Jun 09	Jul 09	Aug 09	Sep 09	Okt 09	Nov 09
Tarif 15 %	86,3	121,9	179,2	183,9	213,9	235,6	141,2	93,3	151,8	154,0	85,9
ʒufluss											
50 %	43,1	61,0	89,6	91,9	107,0	117,8	70,6	46,6	75,0	77,0	43,0
45 %		38,8	54,9	80,6	82,7	96,3	106,0	63,5	42,0	68,3	69,3
5 %			4,3	6,1	9,0	9,2	10,7	11,8	7,1	4,7	7,6
en)											
5 + 7 - 6)	**43,1**	**99,8**	**148,8**	**178,7**	**198,7**	**223,3**	**187,3**	**122,0**	**124,9**	**150,0**	**119,8**
oder 90 Tage	28,5	40,3	59,2	60,7	70,7	77,8	46,6	30,8	50,1	50,9	28,4
	15,7	15,7	15,7	15,7	15,7	22,7	15,7	15,7	15,7	15,7	23,0
/Sozl 45 %		12,9	12,9	12,9	12,9	12,9	18,6	12,9	12,9	12,9	12,9
Tarif 15 %	4,4	4,4	4,4	4,4	4,4	4,4	4,4	4,4	4,4	4,4	4,4
	1,6	1,6	1,6	1,6	1,6	1,6	1,6	1,6	1,6	1,6	1,6
Tarif 15 %	19,0	19,0	19,0	19,0	19,0	19,0	19,0	19,0	19,0	19,0	19,0
Tarif 15 %	10,8	10,8	10,8	10,8	10,8	10,8	10,8	10,8	10,8	10,8	10,8
	4,8	4,8	4,8	4,8	4,8	4,8	4,8	4,8	4,8	4,8	4,8
Tarif 15 %	0,7	0,7	0,7	0,7	0,7	0,7	0,7	0,7	0,7	0,7	0,7
Tarif 15 %	1,4	1,4	1,4	1,4	1,4	1,4	1,4	1,4	1,4	1,4	1,4
Tarif 15 %	7,3	7,3	7,3	7,3	7,3	7,3	7,3	7,3	7,3	7,3	7,3
	79,3										
s 10,0 %	0,5	3,5	3,7	3,6	3,4	3,1	2,8	2,4	2,4	2,5	2,4
	171,0										
		1,9	5,0	10,0	10,4	13,0	14,9	6,7	2,5	7,6	7,8
e 9 bis 27)	344,9	124,1	146,3	152,8	162,9	179,5	148,5	118,4	133,5	139,4	124,3
3 - 28)	-301,8	-24,3	2,5	25,8	35,7	43,8	38,8	3,6	-8,6	10,6	-4,5
Tarif 15 %											
oder 90 Tage											
Tarif 15 %											
oder 90 Tage											
		48,0									
9 + 30)	-349,8	-24,3	2,5	25,8	35,7	43,8	38,8	3,6	-8,6	10,6	-4,5
oll, dann "-"	-65,0	-414,8	-439,1	-436,7	-410,8	-375,1	-331,3	-292,5	-288,9	-297,5	-287,0
2+31)	-414,8	-439,1	-436,7	-410,8	-375,1	-331,3	-292,5	-288,9	-297,5	-287,0	-291,4
"-" eingeben	-100,0	-100,0	-100,0	-100,0	-100,0	-100,0	-100,0	-100,0	-100,0	-100,0	-100,0
4-33)											
4-33)	**314,8**	**339,1**	**336,7**	**310,8**	**275,1**	**231,3**	**192,5**	**188,9**	**197,5**	**187,0**	**191,4**

mit dem Liquiditätsplan gehen Sie nun zu Ihrem Kapitalgeber, der Ihnen eine Reihe von Finanzierungsmöglichkeiten anbieten kann.

Kurzfristige Finanzierungsmöglichkeit

Kontokorrentkredit (KK)

Der Kontokorrentkredit ist das klassische Finanzierungsinstrument für schnell umschlagendes Umlaufvermögen (hohe Zinsen, aber diese nur für in Anspruch genommene Mittel).
Mit dem KK langlebige Güter zu finanzieren, ist nicht nur zu teuer, es ist viel zu gefährlich. Denn die Bank kann diese Linie ganz kurzfristig streichen, der KK ist täglich kündbar. Mit einem einzigen Anschreiben kann sie von einem Tag auf den anderen die Zahlungsströme im Betrieb stilllegen.

> Der KK-Rahmen sollte in einem angemessenen Verhältnis zum Umsatz stehen. Ca. 1/10 bis 1/8 des Jahresumsatzes ist die Regel, das entspricht dem Umsatz von 6 bis 8 Wochen.

Finanzierungsmöglichkeiten

Risikokapital stellen mittlerweile unterschiedlichste Gruppen dar. Venture-Capital-Gesellschaften präsentieren sich unter www.bvk-ev.de. Sie finanzieren bevorzugt Wachstum. Hinter „Private Equity“ stehen in aller Regel mehrere „Privatpersonen“, die sich über das Risikokapital am Unternehmen beteiligen.
Mezzaninkapital vergibt mittlerweile sogar die ein oder andere Bank. Es handelt sich dabei um eine Mischung aus Risiko- und Fremdkapital. Diese Kapitalgeber treten im Fall einer Krise hinter die Befriedigung der anderen Gläubiger zurück. Sie werden aber finanziell grundsätzlich vor dem Eigentümer bedient. Für dieses Risiko erhalten sie einen regelmäßigen Zins und eine Gewinnbeteiligung. Business Angels bieten neben dem Kapital noch Unterstützung/Support, z.B. Management-Know-how. Dabei ist es schon vorgekommen, dass der Angel über kurz oder lang zum alleinigen Inhaber des Betriebes wurde …
Da wird die Auswahl schwer, ein Tipp dazu: Ein guter Grund,

sich für eine Form zu entscheiden, sind die Netzwerke, die der Kapitalgeber anzubieten hat. Kunden-, Lieferantenverbindungen, Berater, weitere Geldgeber: Grundsätzlich ist alles denkbar. Es kann für Sie durchaus ein Sprungbrett für den Erfolg werden.

Lieferantenkredit

Unternehmen mit hohem Waren- und/oder Materialbezug schätzen es, wenn Lieferantenrechnungen nicht sofort fällig sind und ein großzugiges Zahlungsziel eingeräumt wird. Dieser sog. Lieferantenkredit ist auch deshalb so beliebt, weil häufig weder eine formelle Kreditwürdigkeitsprüfung noch eine formelle Kreditbesicherung notwendig sind.
Unter Rentabilitätsgesichtspunkten lohnt die Aufnahme eines Lieferantenkredites nur, wenn keine Skontierungsmöglichkeiten bestehen. Das Skonto des Lieferantenkredites wirkt wie ein Zinsertrag. Demnach gilt es auch hier zu rechnen. Die Alternative – Betriebsmittelkredit oder Lieferantenkredit – ist also nicht nur eine Frage der Finanzierungsstruktur, sondern eine Frage der Liquidität. Wenn Sie es sich leisten können, skontieren Sie. Denn die Inanspruchnahme eines Kontokorrentkredites ist im Regelfall erheblich günstiger, als Skonto ungenutzt zu lassen.

Auftragsfinanzierung

Bei umfangreichen Vorleistungen hat der Leistungs-Ersteller einen hohen Liquiditätsbedarf. Das lässt sich teilweise in den Griff bekommen, indem man den Kunden durch An- und Teilzahlungen in die Finanzierung einbindet. Unter Umständen erklären sich dann die Banken bereit, den Auftrag zu finanzieren. Die Umstände heißen: Es liegen unterzeichnete Verträge bzw. Aufträge vor, die als Zession (Forderung) abgetreten werden können. Und es existiert eine genaue Auftragskalkulation. Im Regelfall wird für diesen Auftrag ein separates Konto eingerichtet, über das alle Ein- und Auszahlungen abgewickelt werden. Der Überschuss (Auftragsgewinn) bleibt auf dem Konto und wird nach Abwicklung des Gesamtauftrags „verwendet“. Im Regelfall zur Rückführung der Kontokorrent-Inanspruchnahme.

Factoring

Besonders für schnell wachsende Unternehmen mit begrenzten eigenen Mitteln bietet sich Factoring als Instrument zur Steigerung von Liquidität und Rentabilität an.

> Unter Factoring versteht man den Ankauf von Forderungen aus Lieferung und Leistung durch einen Factor.

Er übernimmt manchmal sogar das Risiko des Forderungsausfalls und bietet weitere Dienstleistungen (Debitorenbuchhaltung, Mahnwesen, Bonitätsprüfung) an.
Diese Leistungen sind nicht zum Nulltarif zu haben. Die höheren Kosten rechnen sich, wenn man zum Ausgleich dann z.B. den Skontoabzug vornehmen oder im Ernstfall Inkassomaßnahmen gegen sich vermeiden kann. Die Ersparnis aus dem Forderungsmanagement ist ein weiterer Punkt für das Factoring. In jüngster Zeit bekommt Factoring zusätzliche Bedeutung. Werden die Forderungen „verkauft", stehen diese Beträge nicht mehr in der Bilanz. Die Bilanzsumme wird kleiner (Bilanzverkürzung), was eine Reihe von Rating-Kennziffern verbessert.

Sicherheiten bei kurzfristiger Finanzierung

Sicherheiten spielen auch hier eine Rolle. Vorwiegend geht es dabei um Realsicherheiten an Rechten. Das sind einmal die Zession (Forderungsabtretung) und zum anderen die Verpfändung von Forderungen und Beständen.

Forderungsabtretung (Zession)

Grundsätzlich können Sie Forderungen, die Sie gegenüber Dritten haben, an die Bank abtreten. Diese Abtretungen werden vertraglich geregelt. Voraussetzung ist, dass der Drittschuldner diese Abtretung nicht ausgeschlossen oder von seiner Zustimmung abhängig gemacht hat. Hat er keine Bedingungen formuliert, kann es sein, dass er über diese Abtretung nicht informiert wird. Dann handelt es sich um eine stille Zession. Bei der offenen Zession erfolgt eine Mitteilung.

Die Bank unterscheidet noch folgende Formen der Abtretung:

- Einzelabtretung wird geleistet, wenn nur einmal Forderungen abgetreten werden.
- Die Mantelzession wird verwendet, wenn permanent Forderungen bis zu einer bestimmten Höhe an die Bank abgetreten werden.
- Tritt der Kunde der Bank gegenwärtige und künftige Forderungen gegen einen bestimmten Kundenkreis ab, spricht man von Globalzession.

Verpfändung von Forderungen

Obwohl Banken heute kaum noch Forderungen als Pfand nehmen, soll diese Möglichkeit der Sicherheiten-Stellung doch aufgeführt werden. Meist werden Ansprüche und Rechte aus Lebensversicherungen an die Bank abgetreten. In fast allen Fällen wird dies gegenüber der Versicherungsgesellschaft angezeigt und bestätigt. Aber Achtung: Es besteht die Gefahr, dass der Fiskus die „abgetretenen“ Lebensversicherungen als Finanzierungsinstrument begreift und nicht zur Altersvorsorge. Die mit der Altersversorgung verbundenen Steuervorteile wären dann zurückzuzahlen. Sprechen Sie mit Ihrem Berater darüber.

Verpfändung von Beständen

Bei Auftragsfinanzierungen und leicht absetzbaren Gütern übernehmen Fremdkapitalgeber auch Warenbestände als Sicherheit, wenn auch nicht mit großer Leidenschaft. Der Wert, den der Unternehmer ansetzt, und der, den die Bank zugrunde legt, weichen signifikant voneinander ab. Er liegt oft bei 30 %, maximal 50 % des tatsächlichen Einkaufspreises. Grund für diese Schere ist, dass Kreditinstitute bei der Wertbestimmung vom sog. Zerschlagungswert ausgehen müssen. Der beinhaltet gedankliche Preisabschläge für einen „Ausverkauf“, der dann ja notwendig würde, plus dem kalkulierten Aufwand für die Verwertung der Positionen. Diese Diskussionen sind permanente Konfliktherde zwischen Bankberater und Unternehmer.

Auf den Punkt gebracht

Das sind noch einmal die Elemente Ihres Businessplans im Überblick:

- Privatkosten setzen Sie realistisch an. Sie umfassen die Lebenshaltung, Auto, Miete/Kosten fürs Eigenheim, Versicherungen, Unterhaltszahlungen, Ansparungen, Steuern.
- Auf Ihrer Einnahmenseite stehen Absatz (Anzahl) bzw. Umsatz (Einnahme in Geldwert). Warum verkauft sich Ihr Produkt und wie gut? Sie beachten die wirtschaftliche Gesamtsituation, Chancen Ihrer Branche, den Wettbewerb, die Zielgruppe und Trends.
- Ohne Marketing kein Verkauf – Marketing beginnt mit der Gestaltung des Produkts und umfasst weiter die Festlegung des „richtigen“ Preises und die Ausgestaltung von Vertrieb und Werbung. Marketing muss geplant werden, einschließlich der Prognose, wie es greift. Differenzieren Sie Ihre Planung, am besten in drei Fälle, und zeigen Sie auf, wie Sie auch noch im „worst case“ über die Runden kommen!
- Auf der Ausgabenseite stehen die Kosten – Ihr Businessplan enthält deren detaillierte Planung. Sie brauchen das grundlegende Handwerkszeug zur Kalkulation.
- Auf der Ausgabenseite stehen ferner Investitionen und dafür planen Sie die längerfristige Finanzierung. Für die laufenden Geschäftskosten muss eine kurzfristige Finanzierungsplanung erstellt werden. Beide beziffern jeweils die Größenordnung und sagen aus, woher das Geld kommen soll. Sie brauchen den Überblick über die vielfältigen Finzierungsformen.
- Ihr Liquiditätsplan klärt kleinschrittig, wann welche Beträge benötigt werden und wohin sie fließen.
- Weitere Elemente des Businessplans beziehen sich auf Ihre Person, die Rechtsform und Formales. Das ist Gegenstand des nächsten Kapitels.

4 Der äußere Rahmen

Organisation, Rechtsform und Abgaben

Bisher haben wir uns intensiv mit dem Markt und der Darstellung des Unternehmens in Zahlen beschäftigt. Die Brücken aus dem Unternehmen in Richtung Markt erfolgreich zu schlagen ist ein echter Meilenstein.
Aber nichts spielt sich im „luftleeren Raum" ab, als Unternehmer sind Sie verpflichtet, sich an staatliche Regularien und Bedingungen anderer Institutionen zu halten. Sie kennen die Diskussion, wie viel davon und was wirklich sinnvoll ist und dass bürokratische Hindernisse im Weg stehen, was manche noch viel drastischer formulieren. Jammern darüber bringt keinen weiter, schon gleich gar keinen Unternehmer, sondern:

> Für Sie als (angehender) Unternehmer zählt, dass Sie die hier und heute relevanten Positionen kennen und sich bestmöglich an die gesetzlichen und formalen Rahmenbedingungen anpassen.

Vieles davon wird Sie Zeit kosten, einiges wird nicht einsichtig sein, notwendig ist es trotzdem. Und Ihr Unternehmen erfordert auch unabhängig von der Außenwelt eine vernünftige Binnenorganisation. Drei Ebenen sind zu unterscheiden:

- die Festlegung auf Ihre Unternehmensform und Ihr Organisationsmodell,
- der Gang zu den Behörden und
- Verträge, Verpflichtungen, Abgaben wie Steuern, Sozialversicherungen etc.

Die Anpassung von Rechtsform und Organisation ist Ihr Gestaltungsfreiraum und erfolgreiche Unternehmerpersönlichkeiten bringen die Power mit, diesen zu nutzen. Allerdings haben auch Erfolg versprechende Gründer nicht immer das Kapital, um zu starten. Deshalb sind die zu behandelnden „formalen" Fragen eng mit dem Kernthema Finanzierung verwoben.

Müssen oder wollen Sie Partner/Gesellschafter ins Boot holen? Wie können oder sollten Sie dann Verantwortungen aufteilen? Mit diesen Fragen, die unmittelbar die Organisation Ihres künftigen Unternehmens betreffen, werden wir uns im vorliegenden Kapitel zuerst beschäftigen. Es ist der Raum, den Sie beeinflussen können, und erst in der Folge Ihrer Entscheidungen ergeben sich Anforderungen von außen.

4.1 Unternehmenskonstitution und Organisation

Grundlegende Frage bzw. Zielsetzung bei der Organisation ist, die Abläufe möglichst effektiv und effizient zu gestalten. Ablauf und Aufbau der Organisation sind miteinander gekoppelt. Gehen Sie von einer klaren Zielbestimmung aus:

- Fragen Sie als Erstes: Wer soll Haupteigentümer (bzw. Gesellschafter) des Unternehmens sein?
- Wer soll dabei für die „Geschäftsführung" verantwortlich zeichnen?
- Erst dann kommt: In welcher Unternehmensform (Rechtsform) tritt die Organisation am Markt auf?
- Wer hat in der Organisation welche Verantwortung?
- Wie sind die hauptsächlichen Abläufe (Primärprozesse) organisiert?
- Welche formalen (rechtlichen) Voraussetzungen sind am Anfang zu beachten?
- Welche Unternehmenssteuern bedingt dies, wie und wann fallen sie an?

Eigentümer/Gesellschafter

Als Erstes muss Ihnen voll bewusst sein: Beteiligung bedeutet Eigentum (vgl. den Unterschied zwischen Risiko- und Fremdkapital in Abschnitt 3.8). Mit zwei Aktien eines Großunternehmens erwirbt der Kleinanleger nur Promilleanteile an diesem, aber mit 50.000 € kann jemand schon 100 % des Risikokapitals einer GmbH oder einer (kleinen) AG erworben haben. Formal wird er dann zum Eigentümer.

Wir besprechen die Rechtsformen in Abschnitt 4.2 und nehmen hier erst einmal die grundlegende Unterscheidung vorweg:

- Einzelunternehmen. Ein/e Gründer/in, eine einzelne Person ist das Unternehmen.
- Personengesellschaft (Mehrere „natürliche Personen“, die sich in der Form der KG oder OHG zusammenfinden. Ist nichts geregelt, entsteht die Gesellschaft nach bürgerlichem Recht (GBR). Das ist häufig die schlechteste Regelung.)
- Kapitalgesellschaft (GmbH, AG)

Die Auswahl von Partnern im Gesellschafterkreis und in der Geschäftsführung ist eine heikle Aufgabe. Wir warnen hier vor Verbrüderungen in der Vorgründungsphase. Nach dem Motto „Zwei, drei, vier Freunde fürs Leben wollen wir sein“ wandern die Beteiligten in eine GbR. Hat einer der Partner irgendwann „die Nase voll“, wird guter Rat teuer. Die Bedingungen bei einer Trennung, die Vorgehensweise zur Wertermittlung des Unternehmens – all das wurde in der Anfangs-Euphorie nicht besprochen. Wir sind nicht grundsätzlich gegen Partnerschaften. Im Gegenteil: Es ist unsere feste Überzeugung, dass eine partnerschaftliche Unternehmensführung ein Erfolgsfaktor für das Bestehen am Markt sein kann. Allerdings manifestiert unsere 25-jährige Beratererfahrung immer wieder Erkenntnisse, die wir im Kasten auf der folgenden Seite in konkrete Tipps gefasst haben.

Geschäftsführung

„Geschäftsführer“ einer Unternehmung, die als Personengesellschaft geführt wird, ist dem Grunde nach immer der Unternehmer. Er ist zu ordnungsgemäßer Geschäftsführung verpflichtet. Verstößt er gegen diese Grundsätze, haftet er persönlich für die dadurch entstandenen Schäden. Er ist für alles verantwortlich, auch bei Delegation. Bei Misserfolg muss er sich fragen, ob er falsch delegiert hat.

> Arbeit, Handlungen, Entscheidungen, Pflichten sind teilbar und delegierbar, Verantwortung aber nicht. Deshalb hält der Verantwortliche am Ende für alles den Kopf hin.

Praxistipps für Partnerschaften

- Gleichberechtigte Partnerschaften halten selten lange. Spätestens bei der Nachfolgeregelung gibt es Konflikte, die die Unternehmensentwicklung stören. Treffen Sie am Anfang dafür schon Regelungen.
- Ein Unternehmen braucht einen Hauptverantwortlichen, der bei Zielkonflikten die Richtung vorgibt und für das Ergebnis die Verantwortung trägt, sozusagen „den Hut auf-hat". So zweckmäßig es ist, Mitarbeiter, Experten und Berater mit in den Entscheidungsprozess einzubeziehen, eine Beteiligung am Unternehmen ist dazu nicht erforderlich.
- Vermeiden Sie Patt-Situationen. 50:50-Beteiligungen haben sich bei Krisen als äußerst problematisch erwiesen.
- Klären Sie die arbeitsteiligen Verantwortungsbereiche der Partner, aber gewährleisten Sie, dass Entscheidungen ab einer festzulegenden Größenordnung im Konsens und trotzdem mit Mehrheit getroffen werden.
- Sehen Sie den Fall einer Trennung vor und legen Sie deren Bedingungen a priori fest. Insbesondere der Erbfall ist zu berücksichtigen. Auch junge Gesellschafter können durch Unfalltod oder schwere Krankheit ausfallen.

Im Einzelunternehmen sind Geschäftsführer und Inhaber häufig identisch, in anderen Personengesellschaften führen meist auch Gesellschafter, Teilhaber oder Partner die Geschäfte. Denn hinter Personengesellschaften steht immer mindestens eine natürliche Person, die sich in der Regel unternehmerisch betätigen möchte. In Kapitalgesellschaften ist eines der Organe die Geschäftsführung. In Aktiengesellschaften und Vereinen spricht man vom Vorstand.

Dabei führen in Unternehmen mit zunehmender Komplexität meist mehrere Geschäftsführer die Geschäfte. Sie tragen gemeinsam die Gesamtverantwortung und delegieren bestimmte Aufgaben an Mitarbeiter. Nach außen haftet jedoch jeder einzeln und für alles!

Aufbauorganisation

Spätestens ab dem ersten Mitarbeiter, den Sie beschäftigen, müssen Sie sich Gedanken über die Organisation machen – wer ist für welchen Funktionsbereich zuständig? Die Struktur lässt sich gut in einem Organigramm darstellen.

Wie klein Ihr Unternehmen zu Anfang auch sein mag: Erstellen Sie ein Organigramm. Lassen Sie den Betrieb im Kopf anwachsen und unterteilen Sie Funktionsbereiche.

Das ist eine sehr anregende Übung, die sicherlich zu Ihrem Verständnis für die Organisation und die interne Gestaltung der Arbeits- und Prozessabläufe beiträgt.

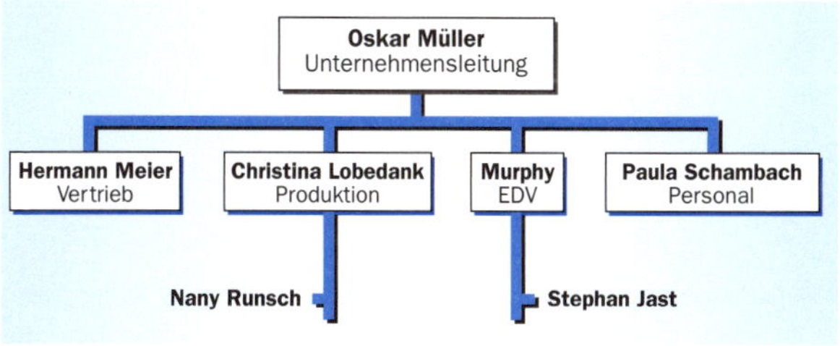

Lebenslauf für Einzelgründer, Gesellschafter oder Geschäftsführer

Mit der konkreten personellen Besetzung der Spitzenpositionen – durch Sie selbst, Partner oder bei größeren Gründungen dem einzustellenden Geschäftsführer – kehren wir zum Businessplan zurück. Die Besetzung sollte darin begründet werden, denn Kapitalgeber möchten gerne genau wissen, wem sie ihr Geld anvertrauen. Konkret geschieht dies mittels Lebenslauf.

Dabei ist nicht so sehr der chronologische Abriss des Werdegangs gefragt, vielmehr sollten die Stationen Ihres Lebens so aufgebaut sein, dass die Existenzgründung quasi als logische Konsequenz am Ende stehen „muss“!!

Darstellung des Gründers

Name

Zur Person	Adresse
Nationalität	Straße
Geburtsdatum	PLZ
Familienstand	Ort

Die Geschäftsidee in Kürze

Qualifikation

Ausbildung

Art	von (Monat/Jahr)	bis (Monat/Jahr)	Erreichter Abschluss
Schule			
Berufsausbildung			
Universität			

Berufserfahrung

von (Monat/Jahr)	bis (Monat/Jahr)	Beschäftigt als

Sonstige Qualifikation

von (Monat/Jahr)	bis (Monat/Jahr)	Abschluss/Titel

Sonstige Interessen

Unterschrift des Gründers

Zentraler Punkt des Lebenslaufs ist nicht die Glaubensfrage „Prosa" oder „tabellarisch", sondern die konsequente Hinführung auf das Planvorhaben. Nehmen Sie das nebenstehende Formular als Checkliste und Anregung. Dort stehen Geschäftsidee und Qualifikation oben, sie werden durch Ausbildung und Berufserfahrung untermauert.

Gestalten Sie Ihren Lebenslauf frei. Vorteilhaft hat sich erwiesen, bei der letzten Funktion, also dem jüngsten Lebensabschnitt, zu beginnen.

Von der „Neuzeit" ausgehend, wird die Vergangenheit immer mehr zur Erklärung des Vorangegangenen. Es entsteht eine innere Logik des Werdegangs, an deren Ende der selbstständige Unternehmer steht!

4.2 Die Form für Ihr Unternehmen

Die Unternehmens- bzw. Rechtsform ist formale Basis für den künftigen Auftritt Ihres Planvorhabens. Sie ist das „Rechtskleid" des Betriebs. Damit steht sie immer in direkter Auseinandersetzung mit den aktuellen rechtlichen und politischen Rahmenbedingungen. Die kritischen Variablen für Ihren Entscheidungsprozess sind:

- Haftung
- Kapitalbeschaffung
- Image und Aufwand
- Steuerbelastung

Welches Kleid Ihnen und Ihrem Unternehmen passt, ist nur individuell zu beantworten. Auch wenn wir an dieser Stelle nicht auf die Feinheiten der Unternehmensformen eingehen, möchten wir Sie wenigstens mit der Vielzahl der Möglichkeiten kurz vertraut machen.

Zur konkreten Wahl einer Rechtsform müssen Sie die Vorteile und die Nachteile gründlich abwägen. Dazu brauchen Sie detaillierte Information oder, noch besser, Beratung.

Unternehmensformen im Überblick

Personengesellschaften:

- Einzelunternehmen (EU), inkl. stiller Beteiligungen
  Der Betrieb firmiert unter dem Namen und Sitz des alleinigen Inhabers. Bei stiller Beteiligung können Ehefrau, Kinder und andere beteiligt werden.
- Offene Handelsgesellschaft (OHG)
- Kommanditgesellschaft (KG), inkl. GmbH & Co KG
- Gesellschaft bürgerlichen Rechts (GbR)
- Partnerschaften

Kapitalgesellschaften (in Deutschland üblich):

- Gesellschaft mit beschränkter Haftung (GmbH)
  (Verschiedentlich kommt auch die englische Gesellschaft mit beschränkter Haftung vor, die Limited/Ltd mit Hauptsitz in Großbritannien. Beim niedrigeren Haftungskapital von nur 1.000 Pfund ist Kapitalbeschaffung für eine Ltd. in Deutschland fast unmöglich.)
- (kleine) AG

Es gibt folgende Faustregel:

Für Kapitalgesellschaften ist es meist einfacher, Risikokapitalgeber zu finden (GmbH-Anteile, Aktien). Dies gilt vor allem für die Umsetzung innovativer Ideen mit hohem Kapitalbedarf, bei wenig zur Verfügung stehenden Sicherheiten, aber hohen Gewinnaussichten (höher 40 %).

Für Existenzgründer, die sich über Fremdkapitalgeber finanzieren wollen, bietet sich demgegenüber eher die Personengesellschaft an. Ausnahmen sind bei hohen Haftungsrisiken (gegenüber den Kunden) zu denken, die anders als über die Finanzdecke der Inhaber abgesichert werden müssen. Auf steuerliche Aspekte einzugehen überfordert den Rahmen dieses Buches.

Viele Existenzgründer neigen zu Kapitalgesellschaften, weil sie die persönliche Haftung für das Fremdkapital aushebeln wollen. Das ist Unsinn. Jeden Firmenkredit an kleine Kapitalgesellschaften sichern Banken über eine persönliche Bürgschaft des Gesellschafters/Geschäftsführers ab. Die auf das Risikokapital „beschränkte Haftung" bezieht sich auf den üblichen Geschäftsverkehr. Der Geschäftsführer hat ständig zu überwachen, dass das Vermögen seiner Gesellschaft größer ist als die Schulden. Ist dies nicht der Fall, hat er unverzüglich, spätestens innerhalb von drei Wochen Insolvenz anzumelden. Ansonsten macht er sich der Insolvenzverschleppung schuldig und haftet mit seinem Privatvermögen für anfallende Schäden. Strafrechtliche Konsequenzen sind fast nicht zu vermeiden. Überschuldung ist bei Kapitalgesellschaften ein Insolvenzgrund! Für Personengesellschaften gilt dies (noch) nicht.
In den Fällen, wo das notwendige Kapital zur Einzahlung nicht zur Verfügung steht und die Verluste im ersten Jahr das eingezahlte Risikokapital übersteigen, ist allein aus diesen Gründen von einer Kapitalgesellschaft abzuraten.
Solche grundsätzlichen Überlegungen lassen sich durch ein Modell darstellen, Ausgangspunkt ist folgende Matrix:

U-Form							
Kriterien	OHG	EU	KG	GbR	& Co	GmbH	AG
Geschäftsführung							
Stellvertretung							
Kapitalbeschaffung	10	7	8	10	1	2	4
Umsatzbesteuerung							
Kapitalbesteuerung							
Haftung	1	4	3	1	10	9	7
Nachfolge							
Liquidation/Verkauf							

Mit der Frage: „In welcher Unternehmensform ist das jeweilige Kriterium (Kapitalbeschaffung) am besten geregelt?" gehen wir die einzelnen Gesellschaftsformen durch und geben Punkte von 1 bis 10.

Wir haben eine Einschätzung von Kapitalbeschaffung und Haftung schon voreingetragen, bei der wir berücksichtigt haben, dass die OHG und die GbR auf der einen, die GmbH & Co. auf der anderen Seite gewissermaßen Pole darstellen. Da bezüglich Haftungsrisiken und Kapitalbeschaffung in der „Summe" betrachtet keine Form überlegen ist, ergeben sich auch für alle Formen die gleichen (11) Punkte. In der Tat, die Möglichkeiten der Kapitalbeschaffung sind abhängig von der Haftungsbereitschaft.
Je nach Unternehmen sind aber andere Gewichtungen anzulegen und die übrigen Kriterien auszufüllen. So haben Jungunternehmer mit geringem Vermögen (Haftungspotenzial) und hohem Kapitalbeschaffungsbedarf natürlich andere Gewichtungen anzulegen als „gestandene Unternehmer" mit hinreichendem Vermögen.

> Für Sie als Gründer und Jungunternehmer/in gilt: Die Unternehmensform ist abhängig von der individuellen Situation des Entscheiders.

Wenn sich die individuelle Situation gravierend ändert, ist es notwendig, über die (Neu-) Gestaltung der Unternehmensform nachzudenken. Die Entscheidung für eine Gesellschaft ist nicht unumkehrbar.

4.3 Behördenleitfaden – wichtig zu wissen!

Sie wollen schnellstmöglich die Ärmel hochkrempeln, loslegen, unternehmen. Gut so. Aber nicht bevor Sie die Welt der Verwalter und Beamten über Ihr Vorhaben informieren. Die Liste der Formalien, die erledigt werden müssen, ist lang und nervenaufreibend. Je nach Rechtsform müssen Sie einen Gründungsfahrplan einhalten. Beim Einzelunternehmen sind nur Anmeldungen zu tätigen, die Personen- und Kapitalgesellschaft starten mit einem Gesellschaftsvertrag, bei der GmbH läuft eine längere Liste von Schritten ab. Das gehört nicht unmittelbar zum Businessplan, der Vollständigkeit halber geben wir Ihnen hier im Überblick einen Leitfaden, welche Behördengänge Sie mindestens gehen müssen:

- Je nach Rechtsform ist ein Eintrag am Registergericht (Handelsregister) erforderlich (verleiht die Kaufmannseigenschaft bei EU, ist z.B. zwingend für die übrigen Personengesellschaften und die GmbH).
- Je nach Gewerbe/Profession brauchen Sie Gewerbeschein oder Zulassung (z.B. durch eine Kammer freier Berufe).
- Noch immer obligatorisch ist eine Anmeldung von Unternehmen bei der IHK. Für Handwerker ist eine Registratur bei der örtlichen Handwerkskammer zu beantragen.
- Eventuell gibt es Auflagen hinsichtlich Gesundheit (z.B. in der Gastronomie), Sicherheit, Umwelt.
- Das Unternehmen wird beim Finanzamt angemeldet, man erhält eine Steuernummer. Dabei wird nach Körperschaft- und Einkommensteuer und Umsatzsteuer unterschieden.
- Werden Mitarbeiter beschäftigt, ist das der Sozialversicherungsgesellschaft zu melden. Pro Mitarbeiter gibt es eine Nummer. Sie wird für die monatliche Lohnabrechnung und die Jahresmeldung gebraucht.

Die Gründungskosten gehören in den Businessplan, zu nennen sind Gebühren (Gericht, Notar) und erste Beitragsrechnungen. Auch privatrechtliche Verträge und Vereinbarungen ziehen die ersten Kosten nach sich (z.B. Arbeitsverträge, Leasingvereinbarungen). Im Vorfeld sollten Sie z.B. Kaufvertragsmuster und Zahlungsbedingungen festlegen und das gehört einerseits zur Preispolitik (siehe Abschnitt 3.3) und hat andererseits rechtlich sowohl Prämissen (Wettbewerbsrecht einhalten) als auch Folgen.

> Generell empfehlen wir Ihnen, für die (Erst-)Gestaltung von Verträgen einen Rechtsanwalt hinzuzuziehen, dessen Kernkompetenz im Wirtschaftsrecht liegt, evtl. eine Wirtschaftskanzlei. Das gilt vor allem für die Gestaltung der eigenen allgemeinen Geschäftsbedingungen.

Mit dem richtigen Rechtsrat im Vorfeld lassen sich teure Prozesse in der Zukunft am besten verhindern.

4.4 Gnadenlos – das Finanzamt

Bei den Steuern sind Lohn- und Umsatzsteuer einerseits und Einkommen- bzw. Körperschaftsteuer andererseits zu unterscheiden. Zur Letzteren meldet sich in der zeitlichen Rangfolge Ihrer Unternehmertätigkeit das Finanzamt recht spät. Scheinbar selbstlos gewährt es den Gründern zwei bis drei Jahre Gnadenfrist, tritt dann aber umso konsequenter auf.

Lohnsteuer

Jeder Arbeitnehmer muss Lohnsteuer zahlen, die Zahlung muss der Arbeitgeber übernehmen.

> Bei jeder Lohnabrechnung ist der Arbeitgeber verpflichtet, die Lohnsteuer des Mitarbeiters zu berechnen, einzubehalten und ans Finanzamt abzuführen.

Der Arbeitgeber, nicht der Mitarbeiter, haftet für die richtigen Beträge, die Zahlung muss bis zum 10. des Folgemonats erfolgen und Verstöße werden mit Zinsen, Säumnis- und Verspätungszuschlägen geahndet. Schon zwei Monatsrückstände beim Finanzamt können das Unternehmen in eine gefährliche Situation bringen. Aus der Sicht des Finanzbeamten ist ein Insolvenzantrag schnell gestellt. In der allgemein schlechten wirtschaftlichen Lage findet man mehr Kulanz, aber trotzdem empfehlen wir, bei der kleinsten Zahlungsverzögerung schnell zu reagieren und mit den Finanzbeamten zu sprechen.

Exkurs: Sozialversicherungsbeiträge

Sie sind keine Steuern, aber die Abwicklung der Zahlung erfolgt ähnlich wie bei der Lohnsteuer. Der Arbeitnehmeranteil wird vom Unternehmer einbehalten und zusammen mit dem Arbeitgeberanteil an die Sozialkasse geleitet.

> Lohnsteuer- und Sozialversicherungsrecht sind extrem komplex. Deshalb ist es zweckmäßig, die Lohnbuchhaltung durch Profis (z.B. Steuerberater) monatlich vornehmen zu lassen und für rechtzeitige Zahlung zu sorgen.

Umsatzsteuer

Auch diese Steuer verlangt der Staat nicht direkt vom Verbraucher sondern vom Unternehmer und dieser haftet wiederum für die Richtigkeit. Regelmäßige Umsatzsteuerprüfungen des Finanzamts sind an der Tagesordnung. Die Umsatzsteuer beträgt derzeit 19 % (und für einige Produkte 7 %) des tatsächlichen Verkaufspreises. Genauer: Zum Netto-Verkaufspreis addieren sich 19 % (bzw. 7 %), die abzuführen sind. Zu versteuern ist die Wertschöpfung (deshalb Mehrwertsteuer) und die bereits von und an andere Unternehmen (Wertschöpfer) bezahlte (Vor-) Steuer kann abgezogen werden. Nur der übrig bleibende Betrag ist an das Finanzamt als Umsatzsteuer abzuführen.

Gewerbesteuer

Jeder Gewerbebetrieb muss diese Steuer an die Gemeinde abführen. Die Höhe errechnet sich auf der Basis von drei Dimensionen: einmal aus dem Gewerbeertrag, zum anderen aus dem speziellen „Hebesatz" der betreffenden Gemeinde und aus der konstanten Gewerbesteuermesszahl (3,5 %). Einzelunternehmen und Personengesellschaften haben einen Steuerfreibetrag von 24.500 Euro. Seit der Unternehmensteuerreform 2008 ist die Gewerbesteuer nicht mehr als Betriebsausgabe abzugsfähig.

Einkommen- bzw. Körperschaftsteuer

Einkommensteuer zahlt jeder Unternehmer, die Höhe errechnet sich aus dem persönlichen Gewinn, sie wird daher auch oft analog zur Lohnsteuer von Angestellten gesehen. Der Grundfreibetrag liegt derzeit bei 15.329 € für Verheiratete. Körperschaftsteuer ist quasi die Einkommensteuer der juristischen Personen. Sie wird auf die ausgeschütteten und die nicht ausgeschütteten Gewinne der Gesellschaft erhoben. Die Höhe der Besteuerung variiert.
Für viele Gründer/innen stellen Einkommen- und Körperschaftsteuer eine Liquiditätsfalle dar, die für manche zum Insolvenzgrund wird. Sie wirkt oft erst im dritten Frühjahr nach

der Gründung, da zu diesem Zeitpunkt auch die Tilgung öffentlicher Mittel einsetzt.

Beispiel

Sie haben am Anfang von Jahr 1 Ihr erfolgreiches Unternehmen gegründet und zu dessen Ende einen Gewinn von 50.000 € erwirtschaftet. Leider steht der Betrag nicht auf dem Konto, sondern steckt in Forderungen an Kunden, Waren- und Materialbeständen und vielleicht in teilfertigen Erzeugnissen.

Da sich das Finanzamt (noch) nicht meldet, passiert nichts. Durch vertretbare Verzögerungen schiebt sich der Jahresabschluss bis zum Ende von Jahr 2 und bei Ihrem Steuerberater sogar bis ins Frühjahr von Jahr 3. Mithin wird der Jahresabschluss von Jahr 1 zu Beginn von Jahr 3 unterschrieben ans Finanzamt geschickt.

Die Finanzbeamten ermitteln für das Jahr 1 20.000 € Steuern. Gleichzeitig stellen sie fest, dass für das Jahr 2 quartalsmäßig 5.000 € als Vorauszahlung zu leisten gewesen wären, somit 20.000 € als „nachträgliche Vorauszahlungen". Für das Jahr 3, werden bis auf weiteres 5.000 € pro Quartal als Vorauszahlung angesetzt. Etwa 8 Wochen nach Abgabe, am Ende des 1. Quartals von Jahr 3, ergeht der Bescheid und Sie werden aufgefordert, die offenen Zahlungen in Höhe von 45.000 € in den nächsten Wochen zu begleichen …

Da bei öffentlichen Mitteln die ersten beiden Jahre häufig rückzahlungsfrei sind, setzen die Tilgungsleistungen mit einer halben Jahresrate meist auch zum 31.03. des dritten Jahres ein. Sind keine ausreichenden liquiden Mittel vorhanden, sind Überziehungen zu diesem Zeitpunkt vorprogrammiert.

Nachdem die Banken dieses Phänomen mittlerweile auch erkannt haben, passen sie genau zu diesem Zeitpunkt besonders auf. Es ist wichtig, dass Sie vorbereitet sind.

> Überschlagen Sie die Verbindlichkeit an das Finanzamt aus Körperschaft- /Einkommensteuer jeweils zum Jahresende und legen Sie ein separates Guthabenkonto für zukünftige Steuerzahlungen an!

Stimmen Sie sich dazu rechtzeitig mit dem Steuerbüro und der Hausbank ab, das ist dringend notwendig.

5 Präsentation Ihres Businessplans

Haben Sie das Zeug zum Star?

5.1 Sich entschließen

Die Erstellung eines Businessplans ist ein aufwendiger Prozess, kostet Zeit und Nerven. Er ist aber auch ein gutes Training für Ihr künftiges Leben als Unternehmer, für Belastbarkeit, Beharrlichkeit, Ausdauer. Unternehmer sind vom Grundsatz her gefordert in Vorleistung zu gehen, erst einmal zu investieren, bevor ein „ROI“ (Return on Invest) erwartet werden kann.
Wo liegen noch Hindernisse, wenn potenzielle Gründer trotz guter Idee, plausibler Planung und ausreichend Eigenkapitel doch nicht den ersten Schritt gehen? Aus der Beratungspraxis wissen wir, dass es diffuse Ängste gibt.

Geheimniskrämerei – sie passt nicht mehr in unsere Zeit

Man trifft auf die irrige Annahme, dass es gefährlich sei, die eigene Idee früh, wenn noch gar nichts gelaufen ist, nach außen zu tragen. Andere, so die Befürchtung, könnten die Idee schnell kopieren – und aus der Traum. Hand aufs Herz: Wenn das wirklich so wäre, dass Ihre Idee morgen von Wettbewerbern aufgenommen werden kann, was hat dann Geheimhaltung in der Vorgründungsphase gebracht? Wenn Sie bzw. Ihre Idee so leicht kopierbar sind, werden Sie von etablierten Unternehmen schnell überrollt. Begreifen Sie die frühe Auseinandersetzung mit Ihrer Idee nicht als Staatsverrat, stellen Sie sich ihr und loten Sie Ihre Chancen doch einfach aus!

Keine gute Schreibe – das ist kein Hindernis!

Ein weiteres Ausstiegskriterium ist, dass Gründungswillige ihre Gedanken nicht wohlklingend zu Papier bringen können. Das mag sein. Aber eine gute Schreibe ist keine originäre

Unternehmereigenschaft. Dafür gibt es Mitarbeiter, Werbeagenturen, professionelle Texter. Auch Sie schreiben nicht so gern? Nun, schauen Sie sich in Ihrem Bekanntenkreis um. Gibt es jemand, der einen Schachtelsatz über eine halbe Seite in zehn kleine Sätze umformulieren kann, ohne dass der Sinn auf der Strecke bleibt? Und der auch noch die Kommaregeln beherrscht? Dann delegieren Sie diese Aufgabe. Auch wenn Sie danach eine kleine Rechnung bei dem Schreiberling offen haben – diese Investition lohnt sich. Wenn Sie einen Berater ins Boot geholt haben, ist die ansprechende Formulierung ein Teil der Leistungen, die Sie von ihm verlangen können. Auch hier zahlt es sich aus, „Expertise zu haben".

5.2 Verkäufer sein – oft missachtete Notwendigkeit

Kaum delegieren können Sie die Präsentation Ihres Businessplans bei Geldgebern. Aber auch hier gilt: Ruhe bewahren! Unsere Überzeugung und Erfahrung über Jahre ist, dass niemand mit rhetorischen Pfauenrädern allein zum Erfolg kommt. Sie müssen nicht als Superstar auftreten und Show bieten, sondern Substanz bringen. Unternehmen, die auf lange Lebensdauer ausgerichtet sind, brauchen Inhalte.

Richtig bleibt, dass die „Verpackung" dennoch Bedeutung hat. Das „Sich-verkaufen-Können" bringt Wettbewerbsvorteile und als Unternehmer müssen Sie immer ein Verkäufer für Ihr Produkt, für Ihr Unternehmen, für sich selbst, für Ihre Mitarbeiter, für Ihre Ideen sein. Das gilt ab Businessplan. Was zeichnet nun gute Verkäufer aus?

- Sie sind von Ihrem Produkt und von sich selbst überzeugt (Selbstvertrauen).
- Sie kennen alle Feinheiten ihres Produktes (Eloquenz).
- Sie sprechen überzeugend über ihr Produkt (Rhetorik).
- Sie sind auf jedes Gespräch gut vorbereitet und führen es erfolgreich (Gesprächstechnik).
- Sie treten mit professionellen Unterlagen an (Präsentationstechnik).

Selbstvertrauen

Sie – die Unternehmerpersönlichkeit und Ihr Produkt – stehen im Fokus Ihrer Gesprächspartner und Sie wollen überzeugen. Das klappt nur, wenn Sie selbst überzeugt sind – von sich und dem Produkt/der Leistung. Diese Ausstrahlung ist unerlässlich. Ohne das Bewusstsein, dass Sie mit Ihrem Angebot den Kunden Nutzen bringen, dass Sie damit etwas Gutes bieten, werden Sie auch am Markt nicht Fuß fassen und nicht bestehen.

Eloquenz

Eloquent sein bedeutet „beredt“ sein – und zwar bezogen auf das „Was“, auf die Inhalte. Wer eloquent ist, kann über eine Sache reden, weil er sie genau kennt. Eloquenz ist unumgänglich, hier zeigt sich, ob Ihr Vorhaben Substanz hat. Dass Sie die Fachkenntnis und die Details zu Ihrem Produkt haben, ist ein unschlagbarer Vorteil in jedem Gespräch. Sie sollten sie auch tatsächlich haben! Nun geht es noch darum, dieses Wissen gut zu verpacken. Das schließt ein, dass Sie gerade nicht versuchen, mit technischen Details, unbekannten Fachbegriffen, peniblen Konstruktionsplänen beeindrucken zu wollen.

Rhetorik

Geht es bei der Eloquenz um das „Was“, verfeinert die Rhetorik das „Wie“. Vielerorts ist dieses „Wie“ zur Hauptsache geworden, aber für Unternehmer gelten andere Regeln. Der Inhalt zählt, rhetorische Schnitzer sollten Sie trotzdem vermeiden. Sie brauchen (und können) nicht von heute auf morgen zum begnadeten Redner zu werden, aber beachten Sie von Anfang an die wichtigsten Anregungen – sozusagen als erste Schritte auf dem Weg der erfolgreichen Kommunikation:

- Üben Sie die freie Rede vor Freunden usw. Das mag Ihnen am Anfang lächerlich vorkommen, hilft aber im Ernstfall.
- Vermeiden Sie Schachtelsätze. Kurz und knapp ist besser nachvollziehbar.
- Machen Sie Pausen beim Sprechen. Das gibt allen – auch den Zuhörern – die Möglichkeit, Luft zu holen.

- Reden Sie nicht zu schnell, Zuhörer müssen folgen können.
- Atmen Sie ruhig und tief, damit Ihnen nicht die Stimme wegbleibt.
- Vermeiden Sie unnötige Fremdwörter; Fachwörter dürfen Sie dagegen auf jeden Fall verwenden.
- Machen Sie sich Notizen, z.B. auf kleinen Karteikarten. Das ist erlaubt und keinesfalls unprofessionell.

Sollten Sie wirkliche Blockaden beim Sprechen vor mehreren Leuten haben, klären Sie ab, ob gefordert ist, dass Sie selbst reden, oder ob Sie doch einen Profi dafür mitnehmen können.

> In jedem Fall sollten Sie Ihre rhetorischen Fähigkeiten ebenso systematisch schulen wie Ihre übrigen kommunikativen Fähigkeiten und die Präsentationstechnik.

Speziell zur Rhetorik kann sich ein professioneller Coach auszahlen. Sprache ist für jeden Unternehmer ein grundlegendes Transportmittel der eigenen Produkte und Leistungen.

Gesprächs- und Fragetechnik

Wer erfolgreich Gespräche führen und nicht nur plaudern will, sollte sich mit der Gesprächstechnik auseinandersetzen. Auch hier steckt Handwerk dahinter, keine schnell wirkenden Tricks und es geht auch nicht um Manipulation.
Der typische Gesprächsverlauf zeigt sieben Phasen:

1. Mentale und inhaltliche Vorbereitung ist das A & O und umfasst inhaltliche Vorbereitung (Aufbau von Eloquenz, exakte Klärung des Ziels) sowie die positive Einstellung unmittelbar vor dem Zusammentreffen. Lampenfieber lässt sich mit Atmen in den Griff bekommen. Gehen Sie kurz vor Beginn noch einmal im Kopf die Stationen durch.
2. Kontaktphase: Steigen Sie nicht gleich in die „Vollen“, sondern versuchen Sie, Kontakt herzustellen. Hier ist „Smalltalken“ erlaubt. Das Wetter geht, ist aber nicht originell. Eine Bemerkung zum Gebäude kommt besser an. Schauen Sie sich im Büro um. Hängt da eine Urkunde, steht ein Golfschläger da – das sind nette Kontaktchancen.

3. Fragephase: Wer fragt, führt das Gespräch. Auch wenn Sie mit einer vorgefertigten Präsentation ankommen, können Sie durch gezielte Fragen Stimmungen einfangen und in die Offensive gehen. „Wie viel Zeit haben Sie geplant?“, „Wieso ist Herr/Frau Soundso nicht dabei?“. Fragen zu stellen ist die Basis, um die Vorstellungen des anderen herauszufiltern. Das ist Voraussetzung für Gesprächserfolg. Achtung: Benutzen Sie „W-Fragen“. Das sind offene Fragen, die mit Warum, Wieso, Weshalb usw. beginnen. Der Befragte muss im Satz antworten. Geschlossene Fragen kann man mit einem „Ja“ oder „Nein“ beantworten.
4. Argumentationsphase: Sobald Sie abschätzen können, was sich Ihr Gegenüber vorstellt, wie dessen Erwartungen ausschauen, können Sie in die Phase der Argumentation einsteigen. Zielorientiert. Obwohl sich in der Realität Frage- und Argumentationsphase meist stark verwischen, macht es Sinn, sich die Trennung zwischen Frage- und Argumentationsphase bewusst zu machen.
5. Appell/Abschluss: Am Ende Ihrer logischen Argumentationskette steht der Appell an die Zuhörer, sich für Sie zu entscheiden. Das kann und darf mit Nachdruck geschehen.
6. Abbau kognitiver Dissonanzen: Weil es ganz selten 100%-Entscheidungen gibt, setzt beim Käufer nach dem Abschluss meist eine gewisse (Kauf-)Reue ein: „Hätte ich nicht doch …“, „War das jetzt richtig …“ Das gilt sinngemäß auch für die Gesprächspartner, denen Sie Ihren Businessplan vorstellen. Um diese Dissonanzen möglichst klein zu halten, dürfen Sie nicht vergessen, das positiv Zusammengefasste noch einmal zu bestätigen – im Regelfall ist das aber noch nicht die endgültige Entscheidung.
7. Nachbereitung: Auch wenn das Gespräch positiv abgeschlossen wurde, ist Nachbereitung wichtig, um die eigene Gesprächstechnik ständig zu verfeinern. Was ist gut gelaufen, was weniger gut? Wieso bekommen Sie den Kredit, wieso nicht? Lassen Sie den Prozess vor Ihrem geistigen Auge ablaufen, das bringt Gewinn für spätere Aktionen.

5.3 Auftritt und Präsentationstechnik

Ihre Präsentation ist die Vorstellung des „Gesamtpakets Gründung“. Die bisher aufgeführten Punkte haben Sie schon im Gepäck, jetzt geht es noch um Methoden und Werkzeuge.

Ihr Outfit

Der erste Eindruck ist entscheidend für den positiven Verlauf der gesamten Aktion. Damit der keine Kratzer bekommt, sollten Sie minimalste Regeln einhalten:

- Kommen Sie pünktlich, ca. 10 bis 15 Minuten vor der Zeit.
- Passen Sie Ihre Kleidung dem Umfeld an. Weder zu leger noch zu gestylt.
- Prüfen Sie im Vorfeld noch einmal den Sitz Ihrer Kleidung und Ihr Äußeres (Schlips, Lippenstift, Reißverschlüsse, Haare …).
- Wenn Sie Technik (Overhead, Beamer) benutzen, checken Sie diese im Vorfeld.

Die Präsentation selbst

Das Outfit Ihrer Präsentation fängt bei Ihnen selbst an. Aufbau und Darbietung der Präsentation betreffen zwei Bereiche:

- Die Bedingungsfelder: Wer sind die Adressaten meiner Präsentation?
- Die Entscheidungsfelder:
  - Intention: Was ist die Botschaft der ganzen Aktion?
  - Inhalte: Welche Inhalte trage ich vor?
  - Methode: Wie will ich das Ganze verpacken?
  - Medien: Welches Medium unterstützt mich am besten beim Vortragen meines Anliegens?

  Wenn Sie einen Termin beim Kapitalgeber haben, sind Intention und Inhalt schnell geklärt. Sie wollen einen Kredit und stellen dazu die Highlights und wesentlichen Teile Ihres Businessplans vor.

Methodisch können Sie auf unterschiedlichste Art vorgehen.

Die Methode beeinflusst auch den Einsatz des Mediums, das Sie zur Visualisierung Ihrer Aussagen heranziehen.

- Sie können die fragend-entwickelnde Methode wählen. Am Flipchart skizzieren Sie Schritt für Schritt Ihr Vorhaben. Immer wieder holen Sie sich das Feed-back der Zuhörer ein und lassen auch Fragen zu. Für geübte Redner ist das eine sehr plastische Art und Weise, um das Vorhaben auch tatsächlich im Kopf der Zuhörer entwickeln zu lassen.
- Wenn der Auftritt vor Leuten nicht unbedingt Ihr Fall ist, empfehlen wir Ihnen die darstellend-entwickelnde Methode. Dazu lassen Sie Folien auf dem Overheadprojektor laufen oder werfen sie per Mausklick und Beamer an die Wand. Das erfordert extrem gute Vorbereitung und eine sehr gut gemachte Foliendarstellung.

Dazu folgende Tipps:

- Folgen Sie dem Motto „Weniger ist oft mehr" – die Leute sollen nicht die Folien lesen, sondern die dargestellten Sachverhalte „auf einen Blick erfassen" und Ihnen zuhören.
- Knallen Sie die Folien nicht mit Text zu. Das ist meist schwer lesbar und lenkt nur von Ihren Worten ab.
- Verzichten Sie auf „lustige" Word- Clip- Arts; die haben ihre Hoch-Zeit längst überschritten.
- Digitale Fotos (z.B. Prototypen oder vergleichbare Produkte) und assoziative Bilder sind dagegen empfehlenswert.
- Gern genommen werden auch Grafiken, Organigramme und sonstige Schematisierungen.
- Achten Sie auf eine einheitliche Schriftart und verwenden Sie einheitliche Formate.
- Planen Sie pro Folie mindestens drei Minuten Redezeit ein.
- Auch hier greift das Motto: Weniger ist mehr. Je weniger Zeit Sie brauchen, um Ihre Ideen darzustellen, umso zielgerichteter ist Ihre Präsentation. Die Zuhörer können sich ohnehin nur einen Bruchteil merken. Und auch Kapitalgeber, die meist keine Experten für Ihre Profession sind, ermüden irgendwann beim Zuhören.

- Die Essenz Ihres Gründungsvorhabens und seine Vermarktung ist es, das interessiert und im Vordergrund stehen soll.

  Die Übertragung Ihres Konzepts auf wenige Folien trägt wesentlich zum Verständnis bei. Sie dienen Ihnen beim Vortrag als Gedächtnisstütze und sind in der Vorbereitung gut geeignet, die eigenen Gedanken noch einmal zu sammeln und das Vorhaben in aller Kürze auf den Punkt zu bringen.

Handout

Wenn Sie Präsentationsfolien gemacht haben, können Sie diese den Gesprächspartnern ausgedruckt vorlegen.

Technischer Tipp:
Microsoft PowerPoint gibt Ihnen bei der Druckoption die Möglichkeit, „Handzettel" zu wählen. Wenn Sie als Unterfunktion dann drei Folien pro Seite wählen, sieht der Leser auf der linken Seite drei Folien, rechts ist Raum für Notizen. Die erste Seite, das Deckblatt, können Sie im Großformat ausdrukken und mit den restlichen Seiten tackern. Nutzen Sie einen hochwertigen Drucker und einen guten Kopierer für saubere Ausdrucke.

Denkbar ist auch, dass Sie zum Treffen selbst kein Handout mitbringen, sondern den Ausdruck nachsenden. Das hat zwei Vorteile:

- Sie können mögliche Änderungsvorstellungen schon einarbeiten und
- Sie können sich durch den Brief in Erinnerung bringen.

Das ist deshalb gut, weil die Kreditentscheidung selten definitiv im ersten Anlauf getroffen wird und noch Sachbearbeiter hinzugezogen werden. Ein erneuter Kontakt von Ihnen schadet nicht und Nachsendung ist viel unaufdringlicher als ein Anruf, bei dem Sie unweigerlich die Frage nach dem Stand der Dinge stellen müssen: „Haben Sie schon eine Entscheidung?"

5.4 Gliederung und Ausarbeitung

Der übliche Aufbau des Businessplans stimmt nicht mit den Abschnitten dieses Buches überein und das ist kein Zufall. Die Abfolge, in der Sie sich sinnvoll notwendiges Basiswissen aneignen (und bei Bedarf und den Verweisen folgend Vertiefendes heranziehen), ist zwangsläufig eine andere als bei der Präsentation einer ausgereiften Geschäftsplanung vor dem professionellen Antragsgremium Ihrer Geldgeber.

Und noch eines: Wir wollten Ihnen nicht einfach nur eine Checkliste zum Abhaken bieten. Die Erfahrung zeigt, dass man nach einer beendeten Arbeit oft am liebsten von vorne beginnen und alles anders machen würde, weil man beim Ausarbeiten „schlauer" geworden ist. Gehen Sie davon aus, dass Ihnen dies beim Businessplan nicht erspart bleibt. Nehmen Sie das Lesen des Buches als ersten Durchgang, bei dem Sie Ihre Eloquenz in Sachen Businessplan Schritt für Schritt aufbauen. Im zweiten Durchgang beginnen Sie mit dem Schreiben. Und ob Sie dann einen weiteren bzw. weitere brauchen (siehe Titelbild), hängt von Ihnen ab, wäre aber „normal" und sollte Sie keinesfalls entmutigen. Sie „schleifen", bis Sie ein gutes Ergebnis haben.

Eine Checkliste für die Gliederung liefern wir Ihnen natürlich trotzdem (nächste Seite). Egal wie Sie sie abwandeln – an deren Anfang steht immer eine Zusammenfassung, auch „Abstract" genannt. In wenigen Zeilen, maximal auf etwa einer bis eineinhalb Seiten, fassen Sie Intention und Inhalte Ihrer Geschäftsidee zusammen, und zwar:

- möglichst zielgruppenorientiert (wie in der Rhetorik)
- möglichst unter Darstellung des Nutzens für die Marktteilnehmer (Eloquenz zeigen) und
- möglichst unter Demonstration einer unternehmerischen Disposition (Selbstvertrauen)
- kurz: möglichst professionell

Ihre Gliederung des Businessplans

Mehr als eine Empfehlung: Starten Sie mit einem Abstract von ein bis eineinhalb Seiten.

Aber: Die knappe Beschreibung der Geschäftsidee, die Hervorhebung der Erfolgsfaktoren, all das ist leichter gesagt als getan. Ein solches Abstract zu schreiben ist in der Phase der Entstehung Ihrer Idee noch gar nicht machbar. Das kann erst überzeugend dastehen, wenn Sie sich mit den gesamten Gegebenheiten vertraut gemacht haben, das Für und Wider abgewogen und eine realistische Einschätzung der Situation gewonnen haben. Dann steht hier eine substanziell fundierte Darstellung.
Also: Arbeiten Sie erst Ihren Plan aus und ergänzen Sie am Ende die an den Anfang gehörende Zusammenfassung.

Die Gliederung des Hauptteils ist Ermessensfrage. Wir empfehlen für den grundsätzlichen Aufbau folgende Vorgehensweise:

1. Die erwähnte Zusammenfassung: Das, was im Prozess der Planerstellung in aller Regel erst ganz am Ende wirklich spruchreif ist, kommt in der Dokumentation des Planes ganz am Anfang. Es ist die geraffte Fassung Ihres Gesamtprojektes. Wenn Sie in der Lage sind, Ihr Vorhaben in wenigen Sätzen überzeugend darzustellen, punkten Sie beim Kapitalgeber.

   Die folgenden Positionen 2, 3 und 4 entsprechen in etwa den Teststrecken im Schema auf Seite 18, Sie bauen Ihren Businessplan in der Reihenfolge auf, wie Sie von der Idee über die Marktbetrachtung zur Umsetzung gelangen und dies in ein Zahlengerüst fassen.

❷ Marktakzeptanz, Positionierung
- Beschreibung der allgemeinen Kategorien Markt, Branche, Zielgruppe, Wettbewerb
- Beschreibung der Kategorien Produkt bzw. Dienstleistung:
  Problemstellung und Kundennutzen
  Produktionsverfahren und Kalkulation

❸ Transformation der Idee in kommerziellen Erfolg
- Marketing/Vertrieb
  Beschreibung der Kategorien: Produkt, Preis, Vertrieb, Kommunikation
- Unternehmensform/Unternehmensleitung
  Darstellung der Gesellschafter, Geschäftsführer und sonstiger Führungspersonen
  Lebensläufe
  Begründung für die Wahl der Unternehmensform
  Aufbau- und Ablauforganisation des Betriebes

❹ Drei-Jahres-Planung
- Private Lebenshaltungskosten
- Absatz- und Umsatzplan
- Kostenplan
- Finanzierungs- und Investitionsplan

Die einzelnen Module werden Sie in den diversen Publikationen in leicht abgewandelten Zusammensetzungen finden. Wir wollen aus diesen Vorschlägen keine Glaubensfrage machen. Entscheidend ist, dass Sie eine logische Struktur haben, die den Leser durch Ihren Plan bzw. Ihr Konzept führt. Abgesehen von der Zusammenfassung, die auf jeden Fall am Anfang des Planes stehen sollte, haben Sie selbstverständlich Variationsmöglichkeiten. Ihr Stil darf und soll Raum haben. Es ist Ihr Geschäft!

6 Und nun?

Was nach der Absage einerseits und nach der Zusage andererseits kommt

Sie haben sich durch die Analyse gearbeitet, das Konzept strukturiert und ausformuliert. Sie haben das Ergebnis Ihrer Arbeit im Businessplan dokumentiert und daraus eine Präsentation formuliert. Der Termin beim Kapitalgeber ist gelaufen. Viele Tage, vielleicht sogar Wochen haben Sie auf Antwort gewartet. Nun liegt das Schreiben der Kapitalgeber im Briefkasten …

Eine Absage?

Wie üblich kann man als Außenstehender in diesem Moment zunächst wenig Positives beitragen.

> Aber wenn die erste Enttäuschung verdaut ist, empfehlen wir Ihnen eine schonungslose Analyse.

Eine Analyse Ihres Businessplans, Ihrer Präsentation vor Ort, aber auch Ihres gesamten Konzeptes. Nehmen Sie die Gründe für die negative Entscheidung der Kapitalgeber genau unter die Lupe und zögern Sie nicht, bei den Damen und Herren nachzufragen, warum negativ beschieden wurde. Die Informationen, die Sie so bekommen, helfen Ihnen sicherlich, Klarheit für den künftigen Weg zu erhalten. Der kann nur Stop or Go heißen:

- Stop für Ihr weiteres Vorpreschen in Sachen Selbstständigkeit, die Verabschiedung der gesamten Idee (weil Sie z.B. gravierende Mängel in der Substanz erkannt haben) oder
- Go, weil Sie überzeugt sind, dass die Absage nichts mit Ihren grundsätzlichen Vorstellungen zu tun hat, sondern mit Mängeln bei der Überzeugungsarbeit.

Dann beginnen Sie den Prozess wieder von vorne, vielleicht holen Sie sich beim zweiten Mal einen erfahrenen Berater hinzu, der Ihnen neue Perspektiven auf bekannte Strukturen geben kann. Mag sein, dass allein durch einen neuen Fokus schon ausreichend neue Potenziale erkennbar werden, die einen zweiten

Anlauf sinnvoll machen. Diese erste Absage muss nicht das Ende Ihrer Unternehmerkarriere bedeuten, schließlich zeichnet es gute Unternehmer aus, trotz Widerstände am Ball zu bleiben; einmal mehr aufzustehen, als hinzufallen. Der zweite Versuch kann nur besser werden.

Eine Zusage?

Ihrem Antrag wurde beim ersten Anlauf, mit oder ohne Nachbesserungen, zugestimmt. Herzlichen Glückwunsch! Sie können loslegen, der erste Schritt zum erfolgreichen Unternehmen ist getan. Unterschätzen Sie nicht, wie bedeutend eine positive Zusage der skeptischen Kapitalgeber wirklich ist. Offenbar geben die Profis Ihrer Idee und der Transformation in Geschäft eine hohe Erfolgswahrscheinlichkeit.

> Ihr Businessplan dient jetzt als solide Basis, auf der Sie die nächsten zwei, drei Jahre Ihren Erfolg als Unternehmer auf- und ausbauen können.

Im Zuge der weiteren Entwicklung des Betriebes, der Positionierung am Markt, werden weitere Anforderungen an Ihre unternehmerischen Fähigkeiten gestellt. Und irgendwann haben die realen Entwicklungen die Grundlagen des Businessplans überholt. Dann macht es Sinn, über Strategie nachzudenken, über die Entwicklung neuer Geschäftsfelder, über personelle Ergänzungen usw. Wir wollen kurz skizzieren, was Sie in der ersten Zeit Ihres Unternehmerdaseins als Bestandteile Ihres Betriebes mit aufnehmen sollten.

Den Betrieb am Laufen halten

Ihr Businessplan ist der große Wurf, die Dokumentation Ihrer gedanklichen Reise in die Zukunft. Das Gründungskonzept zeigt die Umsätze in den ersten Jahren, die Kosten, Gewinne und Zahlungsmittel auf. Diese Zielgrößen bilden die Entscheidungsgrundlage für Gründer, Beteiligungspartner und Banken. Ab dem Moment, in dem der Startschuss fällt, schauen alle sehr gespannt, ob Sie in der Praxis umsetzen können, was Sie in der

Theorie überzeugend dargestellt haben. Während Sie Ihr Ziel verfolgen, verfolgen die Kapitalgeber die Entwicklung Ihrer Zahlen und die Abweichungen von Soll und Ist. Dazu erwarten sie sich gut ausgearbeitetes Zahlenmaterial.
Gut, denn diese Aufbereitung ist in erster Linie für Sie selbst. An dieser Stelle fällt uns immer wieder der berühmte Spruch ein: Für das Leben, nicht für die Schule lernen wir. Und gleich gar nicht lernen wir für den Banker. Vielmehr geht es um den Aufbau eines Controlling-Systems. Es ist Ihr Maßstab, um zu erkennen, ob Sie mit Ihrem Unternehmen auf Erfolgskurs sind oder ob Kursänderungen zwingend werden.
Mit hoher Wahrscheinlichkeit dürfen Sie heute schon davon ausgehen, dass Veränderungen unabweislich sein werden. Das ist alles nicht dramatisch, denn manchmal muss man vom geraden Weg abweichen, um ans Ziel zu kommen. Nur aus den Augen verlieren dürfen Sie das Ziel nicht, das wäre fatal. Um Kurs zu halten, müssen Sie ständig navigieren und analysieren, damit Sie notwendige Richtungsänderungen rechtzeitig vornehmen können. Diese Positionsbestimmung ist möglichst aktuell, mindestens vierteljährlich, zu Beginn besser monatlich vorzunehmen. Dafür gibt es eine Reihe von Instrumenten. Wir erachten als wichtigstes unterjähriges Instrument die kurzfristige Erfolgsrechnung.

Kurzfristige Erfolgsrechnung (KER)

> Die kurzfristige Erfolgsrechnung ist die Abbildung des Vergleichs von Plan und Realität.

Den Plan haben Sie bereits erstellt, die Realität Ihrer betrieblichen Zahlen bildet Ihre ordnungsgemäße und aktuelle Buchhaltung ab. Ihr Steuerberater/ Ihr Buchhalter entwickelt daraus monatlich die betriebswirtschaftliche Auswertung. Umsatz- und Kostenpositionen sollten darin so gegliedert sein wie in Ihrer Planung. Besser ist es noch, die Planung und den Vergleich anhand der monatlichen Summen- und Saldenlisten durchzuführen.

Aber Achtung: Nicht alle Umsätze und Kosten werden zeitgerecht in der Buchhaltung aufgenommen. Abschreibungen werden meist erst am Jahresende gebucht, der entsprechende Wertverzehr der Anlagen (Fahrzeuge, Maschinen etc.) erfolgt aber fortlaufend. Die Bestandsveränderung der teilfertigen Aufträge wird genauso wenig erfasst wie erhöhte oder verringerte Lagerbestände. Urlaubs- und Weihnachtsgelder tauchen im Juni bzw. im November auf, müssen aber das ganze Jahr über verdient werden. Deshalb ist die betriebswirtschaftliche Auswertung (BWA) aus der Buchhaltung zu prüfen und zu korrigieren, bevor die Werte mit der Planung verglichen werden. Ein wesentlicher Faktor für die ordnungsgemäße Beurteilung ist die richtige Verbuchung von Anzahlungen und Teilzahlungen, die zu erheblichen Fehleinschätzungen und falschen Steuerzahlungen führen können.
Es gibt unterschiedliche Rechen- bzw. Gliederungssysteme und verschiedene EDV-Systeme zur konkreten Ausführung. Auf der folgenden Seite sehen Sie ein Anschauungsmuster.

Chef-Informations-System

Meist empfiehlt es sich, zusätzlich zur kurzfristigen Erfolgsrechnung (branchenbezogene) Schlüsselgrößen im Rahmen eines Chef-Informations-Systems regelmäßig zu verfolgen.
Generell sind zum Beispiel die Außenstände (Forderung an Kunden und Verbindlichkeiten gegenüber Lieferanten), die Entwicklung der Bankkonten und der Darlehen und die Hitliste der Kunden interessant.

- Im Einzelhandel sind „Renner-Penner-Listen" von Interesse, die aufdecken, welche Produkte gut laufen und wo die Ladenhüter stecken. Sie zeigen, wie sich die Kundenbeziehungen entwickeln, am besten gegliedert nach Umsätzen und Deckungsbeiträgen.
- In Handwerk und Dienstleistung sollten Sie die produktiven Stunden, also die abrechnungsfähigen Stunden erfassen, um den tatsächlichen voll kostendeckenden Stundensatz zu erfassen. Diese Informationen bilden die Grundlage für Ihre Kalkulation. Größere Projekte, am Anfang besser alle, sollten exakt vor-, laufend und nachkalkuliert werden, um Effizienzprobleme frühzeitig zu erkennen und daraus zu lernen.

Firma: Omnibus-GmbH

Planjahr
Berater
Auswertung vom

	Monatswert				Kumulierte Werte	
	Plan in TEUR	Ist in TEUR	in %	Abw. in TEUR	Plan in TEUR	Ist in TEUR
Linienverkehr	44,0	47,6	25%	3,6	191,6	204,0
Anmietverkehr	9,8	7,8	4%	-2,0	19,5	10,8
Reiseverkehr	99,0	131,3	68%	32,3	255,0	257,7
Krankenfahrten	1,3	3,4	2%	2,2	5,0	6,8
Provisionserlöse	0,0	0,1	0%	0,1	0,0	11,2
	0,0	0,0	0%	0,0	0,0	0,0
sonstige betriebliche Erträge	1,5	3,8	2%	2,3	5,8	6,4
Gesamtleistung	**155,5**	**194,0**	**100%**	**38,5**	**476,9**	**496,9**
Summe Wareneinsatz/FL	**18,2**	**55,7**	**29%**	**-37,6**	**46,8**	**84,7**
Summe Deckungsbeitrag I	**137,3**	**138,3**	**71%**	**1,0**	**430,2**	**412,2**
Personalkosten	39,3	43,2	22%	-3,9	157,2	161,9
Deckungsbeitrag II	**98,0**	**95,1**	**49%**	**-2,9**	**273,0**	**250,3**
Abschreibungen	14,6	13,7	7%	0,9	58,2	55,1
ausgabewirksame Kosten	**43,6**	**46,4**	**24%**	**-2,9**	**174,2**	**174,7**
Raumkosten	4,0	4,0	2%	0,0	16,1	15,8
Betriebliche Steuern	1,2	0,0	0%	1,2	4,9	1,5
Versicherungen/Beiträge	0,7	1,8	1%	-1,1	2,8	7,8
Besondere Kosten	0,0	0,0	0%	0,0	0,0	0,1
Kfz.-Kosten (incl. Kfz.-Steuer)	26,5	24,5	13%	2,0	106,0	96,8
Werbe-/Reisekosten	6,1	8,0	4%	-1,9	24,5	33,8
Kosten Warenabgabe	0,2	1,6	1%	-1,4	0,9	1,7
Reparatur/Instandhaltung	0,5	0,2	0%	0,3	1,9	0,8
Sonstige Kosten	4,3	6,3	3%	-2,0	17,2	16,4
+/- Finanzergebnis	-5,4	-6,2	-3%	-0,8	-21,5	-23,9
= Ergeb. d. gew. Geschäftstät.	**34,6**	**28,8**	**15%**	**-5,8**	**19,1**	**-3,4**
+/- außerodentliches Ergebnis	0,0	0,0	0%	0,0	0,0	0,0
= bilanzielles Ergebnis	**34,6**	**28,8**	**15%**	**-5,8**	**19,1**	**-3,4**
- kalkulatorische Kosten	0,0	0,0	0%	0,0	0,0	0,0
- außerodentliches Ergebnis	0,0	0,0	0%	0,0	0,0	0,0
+ Körperschafts-/Gewerbesteuer	1,2	0,0	0%	1,2	4,9	1,5
= wirtschaftliches Ergebnis	**35,8**	**28,8**	**15%**	**-7,0**	**24,0**	**-1,9**
+ Abschreibungen	14,6	13,7	7%	0,9	58,2	55,1
+ kalkulatorische Kosten	0,0	0,0	0%	0,0	0,0	0,0
+ außerodentliches Ergebnis	0,0	0,0	0%	0,0	0,0	0,0
- Körperschafts-/Gewerbesteuer	1,2	0,0	0%	-1,2	4,9	1,5
= Cash Flow	**49,1**	**42,5**	**22%**	**-6,6**	**77,3**	**51,7**
+ Zinsen	5,4	6,2	3%	-0,8	21,5	23,9
= erweiterter Cashflow	**54,5**	**48,7**	**25%**	**-5,8**	**98,8**	**75,6**
- Entnahmen/Ausschüttung	0,5	0,0	0%	0,5	2,1	0,0
= Kapitald./Invest.-Spielraum	**54,0**	**48,7**	**25%**	**-5,3**	**96,7**	**75,6**

9 | Planjahr 2009
b | Berater sb
z | Auswertung vom 31. Dez

		Vergleichsjahr 2008		Plan 2009		Vorschau Ist + Plan		Abweichung z.Vergleichsjahr	z. Plan
w. R	in %	in TEUR	in %	in TEUR	in %	in TEUR	in %	in TEUR	in TEUR
4	6%	557,0	40%	595,0	44%	607,4	44%	50,4	12,4
7	-45%	117,6	8%	130,0	10%	121,3	9%	3,7	-8,7
7	1%	552,3	40%	600,0	44%	602,7	44%	50,4	2,7
8	36%	17,4	1%	15,0	1%	16,8	1%	-0,6	1,8
2		0,0	0%	0,0	0%	11,2	1%	11,2	11,2
0		0,0	0%	0,0	0%	0,0	0%	0,0	0,0
6	10%	146,0	11%	17,5	1%	18,1	1%	-127,9	0,6
0	**4%**	**1.390,3**	**100%**	**1.357,5**	**100%**	**1.377,5**	**100%**	**-12,8**	**20,0**
0	**-81%**	**119,1**	**9%**	**110,0**	**8%**	**148,0**	**11%**	**28,9**	**38,0**
0	**-4%**	**1.271,2**	**91%**	**1.247,5**	**92%**	**1.229,5**	**89%**	**-41,7**	**-18,0**
7	-3%	475,6	34%	471,5	35%	476,2	35%	0,6	4,7
7	**-8%**	**795,6**	**57%**	**776,0**	**57%**	**753,3**	**55%**	**-42,3**	**-22,7**
1	5%	271,2	20%	174,7	13%	171,6	12%	-99,6	-3,1
5	**0%**	**453,6**	**33%**	**522,6**	**38%**	**523,1**	**38%**	**69,5**	**0,5**
3	2%	34,2	2%	48,4	4%	48,1	3%	13,9	-0,3
4	69%	11,2	1%	14,6	1%	11,2	1%	0,0	-3,4
0	-182%	7,2	1%	8,3	1%	13,3	1%	6,1	5,0
1		0,0	0%	0,0	0%	0,1	0%	0,1	0,1
2	9%	275,0	20%	318,1	23%	308,9	22%	33,9	-9,2
3	-38%	71,3	5%	73,5	5%	82,8	6%	11,5	9,3
8	-96%	2,6	0%	2,6	0%	3,4	0%	0,8	0,8
1	57%	5,2	0%	5,6	0%	4,5	0%	-0,7	-1,1
8	4%	46,9	3%	51,5	4%	50,7	4%	3,8	-0,8
4	11%	-69,0	-5%	-64,4	-5%	-66,8	-5%	2,2	-2,4
5	**-118%**	**1,8**	**0%**	**14,3**	**1%**	**-8,2**	**-1%**	**-10,0**	**-22,5**
0		0,0	0%	0,0	0%	0,0	0%	0,0	0,0
5	**-118%**	**1,8**	**0%**	**14,3**	**1%**	**-8,2**	**-1%**	**-10,0**	**-22,5**
0		0,0	0%	0,0	0%	0,0	0%	0,0	0,0
0		0,0	0%	0,0	0%	0,0	0%	0,0	0,0
4	69%	11,2	1%	14,6	1%	11,2	1%	0,0	-3,4
9	**-108%**	**13,0**	**1%**	**28,9**	**2%**	**3,0**	**0%**	**-10,0**	**-25,9**
1	5%	271,2	20%	174,7	13%	171,6	12%	-99,6	-3,1
0		0,0	0%	0,0	0%	0,0	0%	0,0	0,0
0		0,0	0%	0,0	0%	0,0	0%	0,0	0,0
4	-69%	11,2	1%	14,6	1%	11,2	1%	0,0	-3,4
6	**-33%**	**273,0**	**20%**	**189,0**	**14%**	**163,3**	**12%**	**-109,7**	**-25,6**
4	-11%	69,0	5%	64,4	5%	66,8	5%	2,2	-2,4
2	**-23%**	**342,0**	**25%**	**253,4**	**19%**	**230,2**	**17%**	**-111,8**	**-23,2**
1	100%	2,1	0%	6,3	0%	4,2	0%	-2,1	2,1
1	**-22%**	**339,9**	**24%**	**247,1**	**18%**	**226,0**	**16%**	**-113,9**	**-21,1**

Organisation

Ein solches Chef-Informations-System klingt nach viel Arbeit? Halb so wild! Sorgen Sie dafür, dass die Datenerfassung zur Routine wird. Schon die Gestaltung der Buchhaltung entscheidet über den folgenden Aufwand. Problematisch gestaltet sich eventuell die Bewertung der teilfertigen Arbeiten. Wenn eine Bürokraft weiß, welche Daten sie woher nehmen und wie sie das in die Chefinformation eintragen kann, reduziert sich erfahrungsgemäß der monatliche Aufwand (einschließlich Abweichungsanalyse) für ein professionelles System auf wenige Stunden. Und die sollte Ihnen das Wohl und Wehe des Unternehmens wert sein. Denn es kommt nicht (nur) darauf an, wie viel Fleiß, Zeit und Energie wir in unser Unternehmen stecken, sondern was dabei herauskommt. Ein Auszug aus einem typischen Beispiel einer Chefinfo für einen Handwerker ist unten abgebildet.

Chef-Informations-System (Bestands-/Leistungsdaten)

Firma Handwerker GmbH

Auswertungsmonat	Dez 09	Jan 10	Feb 10	Mrz 10	Apr 10
Auftragsbestand					
Anzahl					
in TEUR	149,3	114,5	99,3	118,0	144,0
Lagerbestand in TEUR					
z.Monatsende	18,5	17,0	14,0	20,8	24,5
Veränderung		-1,5	-3,0	6,8	3,7
Unfertige in TEUR					
z.Monatsende	128,0	100,0	65,5	99,0	15,6
Veränderung		-28,0	-34,5	33,5	-83,4
Forderungen					
fällig	65,0	48,3	44,0	65,4	58,5
überfällig	13,4	13,4	12,4	12,4	12,4
Verbindlichkeiten					
aus L & L	25,8	21,4	19,2	18,7	22,9
Sozialkassen	6,8	5,7	4,5	4,0	8,0
Steuern	6,0	5,5	5,0	4,5	5,5
Sonst					
Bankverbindlichkeiten					
Darlehen	111,1	100,0	98,9	97,6	96,5
Wechsel					
KK 1	25,0	24,3	24,7	19,5	19,3
KK 2	4,0	4,0	3,7	4,5	3,2
Leistungsdaten					
Arbeitstage		21	20	22	20
Stunden Plan		0,0	0,0	0,0	0,0
Stunden Ist					
Gesamtschulden	178,7	160,9	156,0	148,8	155,4
- Gesamtforderungen	78,4	61,7	56,4	77,8	70,9
in TEUR	**100,3**	**99,2**	**99,6**	**71,0**	**84,5**

Erfolg ...

ist es, den wir Ihnen jetzt wünschen. Sie wissen, dass mit Ihrer Entscheidung in die Selbstständigkeit, mit Ihrem Schritt in das Unternehmerleben, sehr viel Arbeit auf Sie wartet. Wir hoffen aber auch, dass es uns gelungen ist, Ihnen zu zeigen, dass diese Arbeit Spaß machen kann und Freiraum für die Verwirklichung eines eigenen sehr persönlichen Lebensentwurfes bietet. Die Leistung, die Sie dazu erbringen, die Verantwortung und das Risiko, das Sie einzugehen bereit sind, sollte sich auch in bare Münze niederschlagen. Wir sind froh, wenn unser Buch dazu beiträgt, Ihnen Wege zu einer komfortablen Gewinnzone aufzuzeigen. Vor allen Dingen sollten Sie Spaß an Ihrem Job haben und die Möglichkeiten darin sehen. Suchen Sie Beratung und wollen Sie sich an uns als Berater wenden, finden Sie auf Seite 132 entsprechende Hinweise.

				Planjahr	Auswertung vom	2010 Berater	31. Mrz	sb
Mai 10	Jun 10	Jul 10	Aug 10	Sep 10	Okt 10	Nov 10	Dez 10	Kumuliert
165,4								
-24,5	0,0	0,0	0,0	0,0	0,0	0,0	0,0	0,0 -18,5
62,0 46,4	-62,0	0,0	0,0	0,0	0,0	0,0	0,0	0,0 -128,0
70,5 9,5								
30,1 8,5 7,0								
95,4 18,6 2,5								
19 0,0	21 0,0	23 0,0	21 0,0	22 0,0	22 0,0	21 0,0	22 0,0 0,0	254 0,0
162,1 80,0 **82,1**	0,0 0,0 **0,0**	0,0 0,0 **0,0**	0,0 0,0 **0,0**	0,0 0,0 **0,0**	0,0 0,0 **0,0**	0,0 0,0 **0,0**	0,0 0,0 **0,0**	

Über BUS

Seit der Gründung im Jahre 1982 setzen wir unser ganzes Wissen und unsere Erfahrung ein, um das langfristige Behaupten von Familienunternehmen am Markt zu sichern. Die BUS Gruppe berät und betreut kleine und mittelständische Betriebe in allen Fragen der Unternehmensführung und bietet spezifische Formen der Weiterbildung an.

BUS begleitet insbesondere auch Existenzgründer auf dem Weg in die Selbstständigkeit, erstellt Businesspläne und berät die Gründer in den schwierigen Jahren des Auf- und Ausbaus unternehmerischen Erfolgs. Unsere Berater sind solide Ansprechpartner für alle Aufgaben der Unternehmensführung, informieren über die neuesten Entwicklungen, gehen alle sinnvolle Ideen mit, sind aber sehr unnachgiebig, wenn es um professionelles Management geht. Unsere Kunden profitieren von 25 Jahren Präsenz im Markt, einem intensiven Knowledge-Transfer, einer lebendigen Unternehmensbörse und einer Beratertruppe, die I(i)hr Business versteht.

BUS hat die Zentrale in München, ist jedoch regional flexibel mit einem Beraternetzwerk an mehr als 20 Standorten vertreten.

Mehr Informationen und Kontakt unter
www.bus-netzwerk.de

Stichwortverzeichnis